N 국가직무능력표준시리즈 **27**

밀링가공
치공구 관리

고용노동부 · 한국산업인력공단

Jinhan M&B

차 례

치공구관리 교재 개요 ·· 3

단원명 1. 밀링 치공구제작 계획하기(1502010208_14v2) ················ 7
  1-1. 밀링 치공구제작 필요성 검토 ·· 7
  1-2. 밀링 치공구제작 계획하기 ·· 13
  1-3. 밀링 치공구의 제작결정 ·· 22
  1-4. 치공구 재료 ·· 26
  1-5. 밀링 치공구의 사용 ·· 35
  1-6. 밀링 치공구제작 공정도 작성 ·· 55
  교수방법 및 학습활동 ·· 61
  평가 ··· 62

단원명 2. 밀링 치공구 설계 제작하기 ·· 65
  2-1. 치공구설계, 제작의 기본 ·· 65
  2-2. 치공구 스케치하기 ·· 74
  2-3. 밀링 치공구의 개요 ·· 84
  2-4. 밀링 치공구의 설계절차 ·· 91
  교수방법 및 학습활동 ·· 96
  평가 ··· 97

단원명 3. 밀링 치공구 유지 관리하기 ·· 100
  3-1. 밀링 치공구의 유지관리 ·· 100
  3-2. 치공구의 분류와 보관 ·· 104
  3-3. 치공구의 정밀도 유지 ·· 107
  3-4. 치공구의 사용법 ·· 109
  교수방법 및 학습활동 ·· 112
  평가 ··· 113

학습정리 ·· 116

종합 평가 ·· 117

참고자료 및 사이트 ·· 128

치공구관리 교재 개요

학습목표

1. 이 교재는 기계절삭분야의 밀링 치공구 관리를 위한 훈련교재이다. 밀링절삭가공에서 치공구의 필요성을 파악하고 치공구 제작에 대한 계획과 밀링치공구 제작에 있어 사업장의 여건을 고려하여 자체제작을 할 것인지 외주 처리하여 제작할 것인지를 결정할 수 있으며 치공구의 수명을 극대화하기 위한 치공구 재료를 선정하고 치공구 설계 시 부적합한 사용을 방지할 수 있도록 설계할 수 있어야 한다.
2. 치공구 부품도면과 부품공정규약 및 공정도를 치공구 제작에 반영할 수 있으며 회사의 업무절차에 따라 치공구를 생산하며 외주제작 시 외주 생산의뢰서 등 문서를 작성할 수 있고 사용목적에 맞는 치공구를 스케치하여 사용목적에 맞는 치공구를 제작할 수 있으며 제작된 치공구가 목표한 기능을 완벽하게 발휘하는지 검사할 수 있어야 한다.
3. 해당 사업장의 업무절차에 따라 규정된 장소에 치공구를 보관하고 유지 관리할 수 있어야 하며 필요시 해당사업장의 업무절차에 의한 작업계획을 수정할 수 있고 치공구를 분류하여 관리하기 좋은 체제로 운영하며 치공구를 장시간 본관 시 정밀도 유지를 위한 방청대책도 강구할 수 있으며 치공구의 사용법을 문서로 기록하고 필요시 전파할 수 있어야 한다.

선수학습

1. 직업기초능력
2. 선반, 밀링, 연삭, 드릴 등 기계가공에 관한 지식
3. 기계가공 안전에 대한 지식
3. 밀링 도면해독에 관한 지식
4. 기계재료의 종류 및 특성에 관한 지식
5. 기계재료 열처리에 대한 지식
6. 기계요소의 종류, 단위 및 응력, 힘 등에 관한 지식
7. 표면거칠기에 대한 지식

치공구 관리

교육훈련 내용 및 훈련시간

학습	학습내용	교육훈련시간
1. 밀링 치공구 제작 계획하기	1-1 : 밀링 치공구 제작 필요성 검토 1-2 : 밀링 치공구 제작 계획 1-3 : 밀링 치공구의 제작 결정 1-4 : 치공구 재료 1-5 : 밀링 치공구의 사용 1-6 : 밀링 치공구 제작 공정도 작성	30
2. 밀링 치공구 설계 제작하기	2-1 : 치공구설계, 제작의 기본 2-2 : 치공구 스케치하기 2-3 : 밀링 치공구의 개요 2-4 : 밀링 치공구의 설계절차	50
3. 밀링 치공구 유지관리하기	3-1 : 밀링 치공구의 유지관리 3-2 : 밀링 치공구의 작업계획 수정 3-3 : 치공구의 분류와 보관 3-4 : 치공구의 정밀도 유지 3-5 : 치공구의 사용법	20

※ 상기 교육훈련시간은 NCS기반 훈련기준에서 제시된 능력단위 시수를 참조하여 교육훈련 및 산업체 현장 전문가의 의견을 수렴하여 제시함.

색인 목록

```
교재 개요 ·········································································································03
능력단위 위치 ··································································································06
  ○ 밀링 치공구제작 필요성 검토 ····································································07
    - 치공구의 개요 ························································································07
    - 치공구제작 경제성 검토하기 ·································································09
    - 지그와 고정구의 종류 ············································································12
    - 모듈러 공구세트 ····················································································20
    - 치공구의 표준화 및 자동화 ···································································22
    - 외주 생산의뢰 발주서 ············································································24
    - 밀링 치공구 재료에 필요한 성질 ··························································26
    - 밀링 치공구 재료의 열처리 ···································································31
    - 공작물 관리 ····························································································35
    - 장착과 장탈 ····························································································39
    - 네스팅, 플프로핑 ····················································································41
    - 클램프의 종류 ························································································43
    - 클램핑력의 계산 ····················································································47
    - 치공구 제조공정의 분석 ········································································55
    - 공차표의 정의와 기호 ············································································57
  ○ 밀링 치공구 설계 제작하기 ······································································65
    - 치공구 제작에 필요한 공작기계의 종류 ···············································65
    - 치공구 스케치 방법 ···············································································74
    - 스케치 용구 및 치수측정 방법 ······························································76
    - 재질의 판정 ····························································································78
    - 밀링 고정구 스케치 하기 ······································································79
    - 밀링 치공구 설계 제작하기(도면) ·························································85
    - 밀링 치공구의 설계 ···············································································91
    - 커터 세트 블록 ······················································································93
    - 밀링 고정구의 설계 순서 ······································································94
  ○ 밀링 치공구 유지관리하기 ·······································································100
    - 치공구의 관리 ······················································································100
    - 치공구의 분류 ······················································································104
    - 치공구의 보관 방법 ·············································································105
    - 치공구의 정밀도 유지 ··········································································107
    - 치공구의 사용법 ···················································································109
    - 치공구의 품질검사 ···············································································110
```

치공구 관리

능력단위의 위치

수준	선반 가공	밀링가공	연삭가공	CAM	측정	성형가공
6	작업계획수립	밀링가공 작업계획수립	작업계획수립	작업계획수립	측정 작업 관리	작업계획수립
5	부속 장치 사용 장비 유지관리	밀링가공 품질개선활동	품질문제대응 장비유지관리	CAM 도면 해독 CNC 밀링 5축 가공 프로그래밍 CNC 복합 가공 프로그래밍	측정 작업 개선활동	품질문제대응 장비 유지관리
4	선반가공 도면 해독	**밀링 치공구 관리** **안전대책 수립** **밀링가공** **도면해독**	공구관리 정밀측정 성형연삭 안전규정 원통연삭 연삭도면 해독	CNC 밀링 (머시닝센터) 가공 프로그래밍 CNC EDM 가공 프로그래밍 CNC EDW 가공 프로그래밍	비교측정 수행	치공구 관리 안전규정 준수·대책 수립 성형가공 도면해독
3	공구 선정 편심·나사 작업 CNC 선반 조작 CNC 선반프로그래밍	CNC 밀링 (머시닝센터) 프로그래밍 CNC 밀링(머시닝센터) 조작 평면·총형 가공 탭드릴보링 가공 엔드밀 가공	기본작업 평면연삭	CNC 선반 가공 프로그래밍	3차원측정 수행 정밀측정 수행 도면해독 측정기 유지관리	기본공구 사용
2	기본 작업 단순형상작업 홈·테이퍼 작업	밀링가공 작업 정리 밀링 기본 작업	작업정리		일반측정 수행 육안검사 수행	작업정리 프레스작업
직능수준 / 직능유형	선반 가공	밀링가공	연삭가공	CAM	측정	성형가공

단원명 1 밀링 치공구제작 계획하기

단원명 1 　밀링 치공구제작 계획하기(1502010208_14v2)

1-1 　밀링 치공구제작 필요성 검토

| 교육훈련 목표 | • 밀링에서 가공제품의 특성을 파악하고 치공구제작의 경제성을 검토하여 치공구를 구상할 수 있어야 한다. |

필요 지식 　치공구의 개요 및 특성에 관한 지식

1 밀링 치공구제작 필요성 검토하기

밀링가공에서 가공제품의 사용목적과 생산조건, 생산수량 등을 고려하여 신속, 정확 하게 제품을 생산하기 위해서 치공구를 제작할 것인가 말 것인가를 결정하여야 한다.

치공구는 공작기계에서 가공을 위한 보조 장치이며 공구와 고정구가 사용된다.

동일한 형상의 제품을 여러개 생산할 때 공구와 공작물과의 상관관계 등을 고려하여 치공구를 설계하여야 한다.

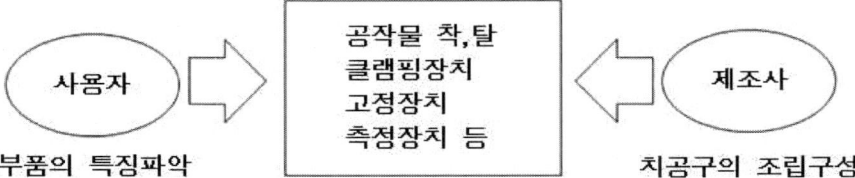

1. 치공구의 개요

치공구란 제품을 효율적이고 경제적인 생산을 위하여 지그(Jig)와 고정구(Fixture) 및 게이지(Gauge)등을 설계, 제작하는 것을 말한다.

즉, 작업의 정밀도를 유지하면서 경제적이고 빠르게 생산하기 위한 보조 장치이다.

2. 지그(Jig)와 고정구(Fixture)

지그(Jig)란 공구를 정확한 위치에 위치결정 하기 위한 기구를 지그(Jig)라 하고 드릴링이나

리이밍 또는 보오링 작업을 위한 기구가 주로 지그에 속한다.
　고정구(Fixture)란 공작물을 정확한 위치에 고정시키기 위한 기구를 고정구(Fixture)라 한다. 즉, 지그와 고정구는 공작물의 가공을 정확히 수행하고 조립 및 검사, 용접 등의 작업 능률을 향상시킨다. 주로 선반, 밀링, 연삭등을 위한 기구가 고정구에 속한다.

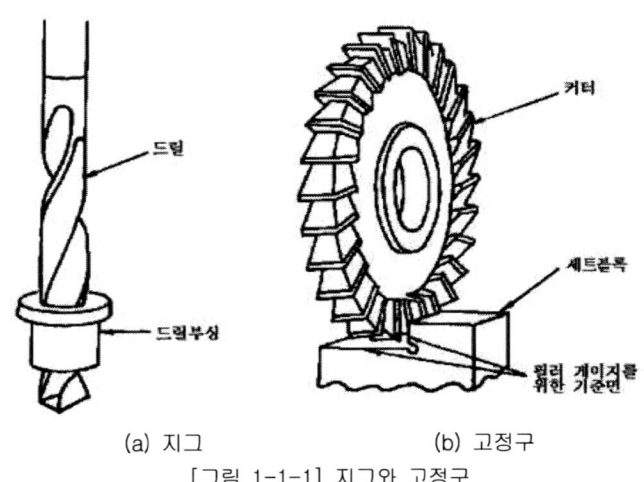

(a) 지그　　　　　(b) 고정구

[그림 1-1-1] 지그와 고정구

3. 치공구 설계 및 제작 목적

(1) 많은 제품을 적은 비용으로 생산할 수 있다.
(2) 기존 장비의 생산능력을 증대 시킨다.
(3) 특수한 공작물의 정밀도를 향상시킨다.
(4) 기존 장비에서도 특수한 작업을 가능하게 한다.
(5) 공구의 수명을 최대한 연장하기 위한 재료의 선택이 가능하다.
(6) 부적절한 공구의 사용을 방지할 수 있다.
(7) 작업자의 안전을 최대한 보장할 수 있다.

4. 치공구의 기능

(1) 제품의 정밀도가 향상되고 호환성을 가지며 대량 생산이 가능하다.
(2) 금긋기 및 위치결정을 위한 불필요한 작업을 없앨 수 있다.
(3) 제품의 검사 시간, 작업방법이 간단해진다.
(4) 미숙련자도 쉽게 작업할 수 있다.
(5) 위치결정 및 클램핑 등이 정확하여 불량률을 줄일 수 있다.

단원명 1 밀링 치공구제작 계획하기

5. 치공구가 생산에 미치는 영향

(1) 생산 비용이 절감된다.
 (가) 개선된 제조방법을 통해서 생산을 크게 증가시킬 수 있다.
 (나) 생산량이 적을 때는 값이 싼 치공구를 사용하여 비용을 줄일 수 있다.

(2) 정밀한 부품의 생산은 정밀도를 조정함으로써 얻을 수 있다.
 (가) 적절한 정밀도의 치공구를 미숙련자가 작업하여 얻어진다.
 (나) 특수게이지로 부품의 정밀도를 검사하여 호환성을 보장한다.
 (다) 조립작업이 간단하게 되며 끼워 맞춤을 최소한으로 줄일 수 있다.

(3) 생산품 자체의 설계가 개선될 수 있다.
 (가) 복잡한 형태의 부품은 치공구의 이용 없이는 만들 수 없는데 이때는 제품의 일부 형태를 개선할 수도 있다.
 (나) 경험이 많은 치공구 설계자는 제조를 간단히 하기 위해 부품의 재설계를 제의할 수도 있다
 즉, 생산 요구에 따르는 적절한 치공구는 능률적이고 경제적인 제품생산에 직접적인영향을 미친다.

2 밀링 치공구제작의 경제성 검토하기

밀링가공에서 치공구의 제작여부를 결정하기 위해서는 생산제품에 대한 치공구 제작에 따른 경제성 검토가 필요하다.
 치공구의 경제성을 검토에는 치공구 제작비용과 지그의 손익분기점 그리고 치공구 제작에 따른 자본회수 년 수 등이 사용되고 있다.

1. 지그의 손익분기점

$$N = \frac{Y}{(H-Hj)y}$$

여기서, N : 지그의 손익 분기점
 Y : 지그 제작비용
 H : 지그를 사용하지 않을 때 1개당 가공시간
 Hj : 지그를 사용할 때 1개당 가공시간
 y : 1시간당 가공비용

2. 자본회수 년 수

$$n = \frac{C}{S - \frac{C}{20}}$$

여기서, n : 자본회수 년 수
C : 설비 투자비용
S : 연간 절감비용(연간 이익 금액)
i : 연가 이자율(10% = 0.1)로 한다.

3. 치공구의 제작비용

$$Y \leq \frac{ni\,(1+r)(t_0 a_0 - t_1 a_1)}{1 + pi + qi}$$

여기서, Y : 지그 제작비용
n : 지그를 사용하여 1년간 생산한 제품 수량
r : 제품가공에 필요한 간접비의 비율
t_0 : 지그를 사용하지 않은 제품 1개당 가공시간
a_0 : 지그를 사용하지 않은 평균 가공비용
t_1 : 지그를 사용한 제품 1개당 가공시간
a_1 : 지그를 사용한 평균 가공비용
p : 지그 감가상각 이율
q : 지그 1년당 유지비와 제작비와의 비
i : 지그 감가 년 수

[예제1] 지그 제작비가 800,000원이고 지그를 사용하지 않을 때 제품가공시간은 3분이고 지그를 사용할 경우 제품가공시간은 1분이며, 시간당 가공비가 2,000원 일 때 손익 분기점은?

(풀이) $N = \dfrac{Y}{(H - Hj)y}$ 에서,

$N = \dfrac{800,000}{(3-1) \times 2,000} = 200$개

∴ 생산하고자 하는 제품에 대한 수량이 200개 이상이면 지그를 제작하는 것이 이익이고 200개 이하이면 손실이 발생하게 된다. 그러나 생산제품의 수량이 손익분기

점의 수량보다 적어도 2배 이상이 되었을 때 지그를 만들어 사용하는 것이 회사의 입장에서는 올바르다고 볼 수 있다.

[예제2] 밀링에서 다음의 조건으로 금형 부품을 생산하려고 한다. 지그 제작에 드는 비용이 얼마인지 지그 제작비를 계산하시오?

여기서, n : 400개 $\quad r$: 100% = 1
t_0 : 0.5시간 $\quad a_0$: 1,500원
t_1 : 0.1시간 $\quad a_1$: 500원
p : 8분 = 0.08 $\quad q : \dfrac{7}{100} = 0.07$
i : 5년

(풀이) $Y \leq \dfrac{ni(1+r)(t_0 a_0 - t_1 a_1)}{1+pi+qi}$ 에서,

$Y \leq \dfrac{400 \times 5(1+1) \times (0.5 \times 1500) - (0.1 \times 500)}{1+(0.08 \times 5)+(0.07 \times 5)}$

$Y \leq \dfrac{4000 \times (750-50)}{1+(0.4)+(0.35)} = \dfrac{2,800,000}{1.75} = 1,600,000$원

∴ 지그제작에 소요되는 비용은 1,600,000원이다. 그러나 실제로 이 비용 이외에 지그 제작에 사용된 기계나 지그제작에 소요되는 시간적인 손실비용 등도 고려하여야 한다.

치공구 관리

장비 및 도구, 소요재료

① 도구 및 자료
  1. 치공구 관련 자료
  2. A4 용지, 계산기, 필기도구 등

안전유의사항

① 유의사항
  1. 밀링 치공구 제작의 필요성 검토 시 생산수량과 지그제작 비용 등을 정확히 계산하여야 한다.
  2. 지그제작비용과 자본회수 년 수를 알아본다.

관련 자료

① 관련자료
  1. 밀링 치공구제작 장비 메뉴얼
  2. 장비 별 생산단가 자료

단원명 1 밀링 치공구제작 계획하기

1-2 밀링 치공구제작 계획하기

교육훈련 목표
- 밀링에서 치공구제작을 계획하였다면 현재 생산중인 제품의 품질에 영향을 미치지 않도록 치공구의 종류별 특성을 파악하여 어떠한 형태의 지공구를 제작할 것인지를 계획할 수 있어야 한다.

필요 지식   치공구의 종류와 특성에 관한 지식

1 밀링 치공구제작 계획하기

밀링가공에서 치공구의 제작이 필요함을 알았으면 밀링 치공구 제작을 계획하여야 한다. 밀링 치공구를 제작하기 위해서는 먼저 지그와 고정구에 대한 정확한 지식을 가지고 치공구제작에 필요한 장비(선반, 밀링, 연삭, 드릴, CNC공작기계 등)의 특징에 대하여도 알아보고 어떠한 방법으로 어떠한 치공구를 제작을 할 것인가를 판단할 수 있어야 한다.

1. 지그와 고정구의 종류

(1) 지그의 종류

지그(Jig)는 일반적으로 드릴 지그와 보링 지그로 분류한다. 보링 지그는 드릴 가공으로 작업하기에 너무 큰 구멍이나 뚫린 구멍을 크게 늘리고자할 때 사용된다.

지그는 크게 개방형 지그(Open Jig)와 밀폐형 지그(Closed Jig)가 있으나 모양에 따라 다음과 같이 세분할 수 있다.
  (가) 템플레이트 지그(Template Jig)
  (나) 플레이트 지그(Plate Jig)
  (다) 샌드위치 지그(Sandwich Jig)
  (라) 앵글 플레이트 지그(Angle plat Jig)
  (마) 리이프 지그(Leaf Jig)
  (바) 박스 지그(Box Jig)
  (사) 채널 지그(Channel Jig)
  (아) 분할 지그(Indexing Jig)
  (자) 트러니언 지그(Trunion Jig)
  (차) 펌프 지그(Pump Jig)
  (카) 멀티스테이션 지그(Multistation Jig)

이중 개방형 지그를 대표하는 것이 플레이트 지그(Plate Jig)이고 밀폐형 지그를 대표하는 것은 박스 지그(Box Jig)이다.

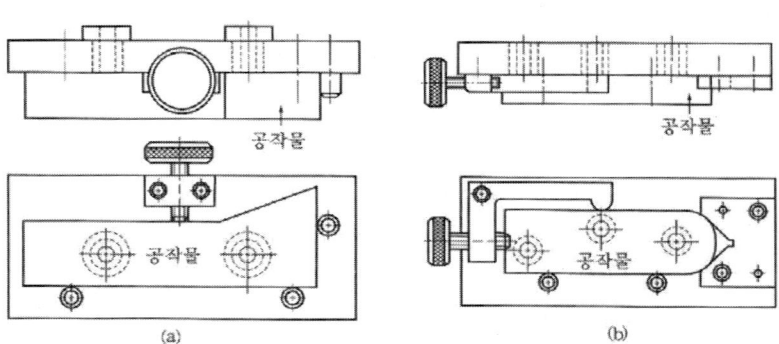

[그림 1-2-1] 플레이트 지그

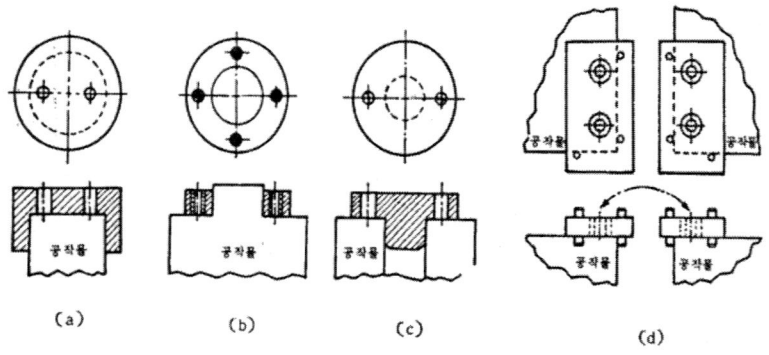

[그림 1-2-2] 템플레이트 지그

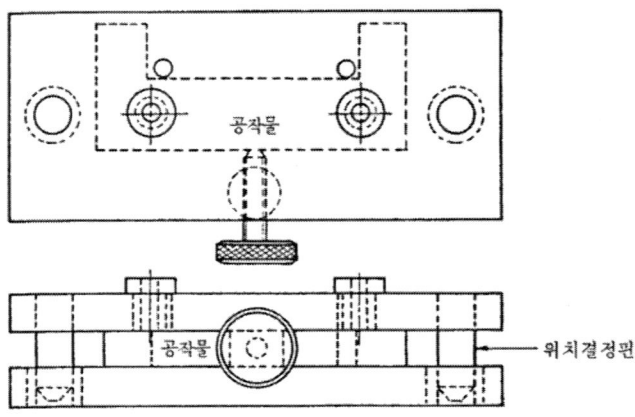

[그림 1-2-3] 샌드위치 지그

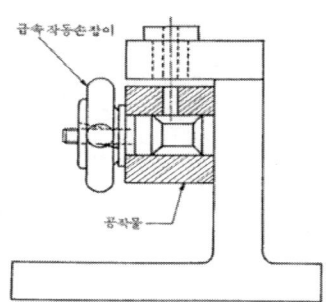

[그림 1-2-4] 앵글플레이트 지그

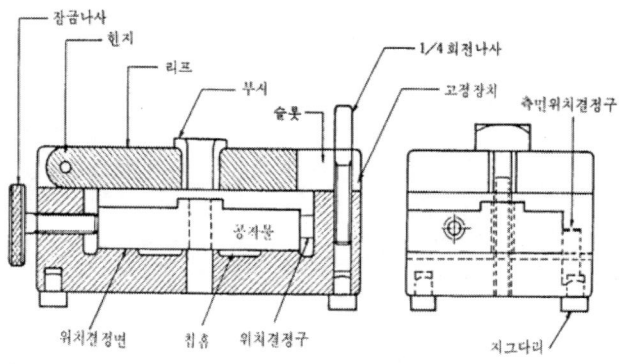

[그림 1-2-5] 리이프 지그

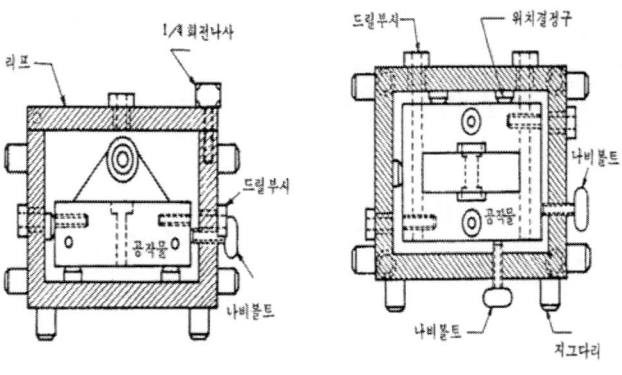

[그림 1-2-6] 박스 지그

치공구 관리

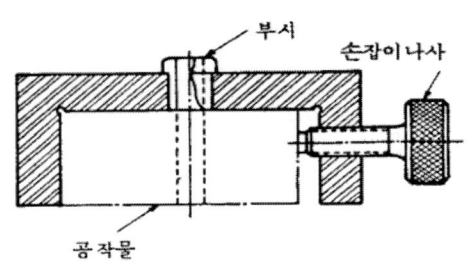

[그림 1-2-7] 채널 지그

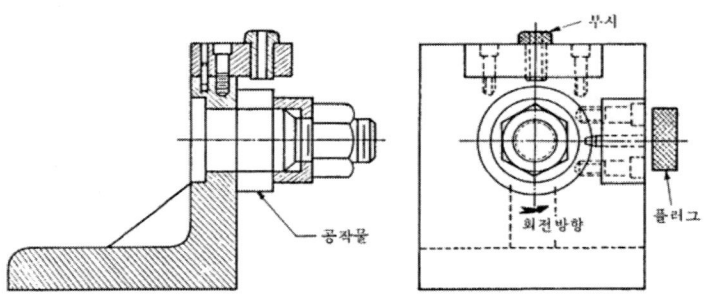

[그림 1-2-8] 분할 지그

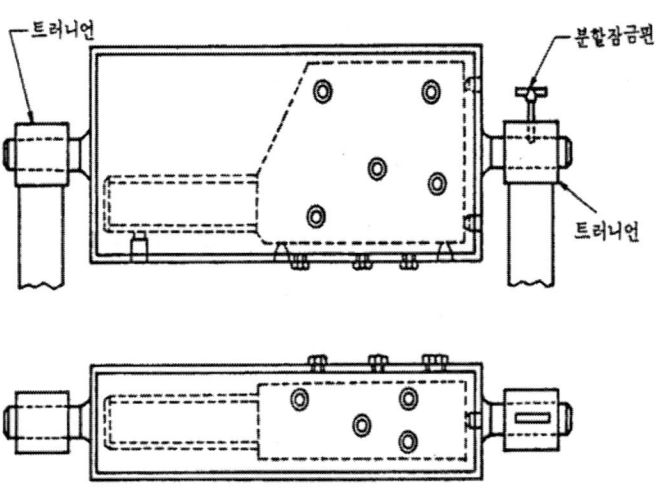

[그림 1-2-9] 트라이언 지그

단원명 1 밀링 치공구제작 계획하기

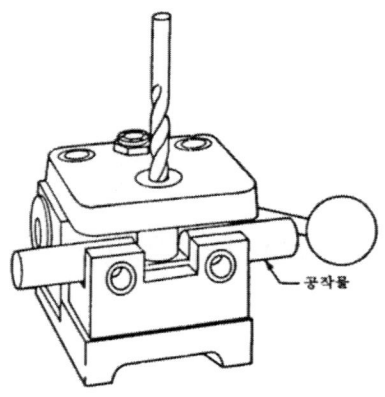

[그림 1-2-10] 펌프 지그

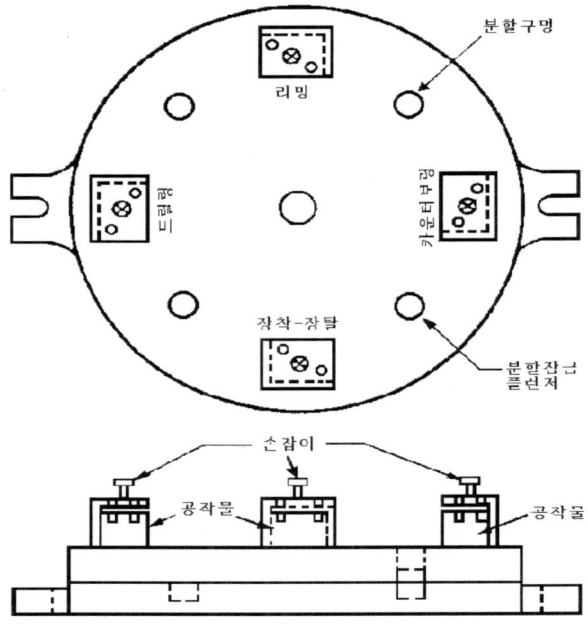

[그림 1-2-11] 멀티스테이션 지그

    지그와 고정구를 사용하는 목적은 복제 제품을 정밀하고 호환성 있게 가공하는데 목적이 있다. 치공구는 공작물과의 정확한 관계와 배열지속이 중요하며 이를 위해 치공구는 규정된 한계 내에서 동일하게 작업될 수 있도록 위치결정 되고, 지지되고, 클램핑 될 수 있도록 설계 및 제작되어야 한다.

    공작물의 수량은 치공구를 설계하고 제작하는데 큰 영향을 미친다. 대량 생산에서 치공구의 비용이 얼마나 절감되는지 또한 기계가공 시 시간을 절약하기 위하여 치공구의 구조에 대해

신경을 많이 써야 하며 마모에 견딜 수 있도록 최대한도의 내마모성을 갖도록 설계되어야 한다.
 소량 생산에서는 정밀도와 호환성, 제조 방법 등을 간단히 하여 치공구 비용을 절감해야 하므로 값이 싼 치공구를 개발해야 한다.

(2) 고정구의 종류
 고정구(Fixture)는 사용되는 공작기계에 따라 밀링 고정구, 선반 고정구, 연삭 고정구, 용접 고정구 등으로 분류한다.
 그러나 고정구의 제작 방법에 따라 다음과 같이 분류한다.

(가) 플레이트 고정구(Plate Fixture) : 고정구 중에서 가장 많이 사용되는 단순한 형태로 공작기계, 용접, 검사 등에 많이 사용되는 형태이고 공작물의 위치결정과 강력한 고정이 가능하다.
(나) 앵글 플레이트 고정구(Angle plate Fixture) : 플레이트에 수직판을 직각으로 설치한 형태로 보통 90°의 각도로 되어있으나 다른 각도가 필요하면 수정된 앵글플레이트 고정구를 사용한다.
(다) 바이스 조오 고정구(Vise-jaw Fixture) : 바이스의 조오를 공작물의 형태에 맞도록 개조한 형태의 고정구이다.
(라) 분할 고정구(Indexing Fixture) : 분할가공이 필요한 공작물을 가공하기 위해 만들어진 고정구로 분할의 원리를 이용한 고정구이다.
(마) 멀티스테이션 고정구(Multistation Fixture) : 생산속도와 생산량을 증가시키기 위해 두개 이상의 고정구를 설치하여 하나의 고정구에서 작업이 완료되면 고정구가 회전하여 다른 고정구의 작업이 진행되고 그동안 다른 고정구에서 공작물을 장착한다.
(바) 총형 고정구(Profiling Fixture) : 공작기계 자체로는 가공할 수 없는 공작물의 윤곽을 가공할 수 있도록 공구를 안내하여 가공할 수 있도록 한 고정구이다.

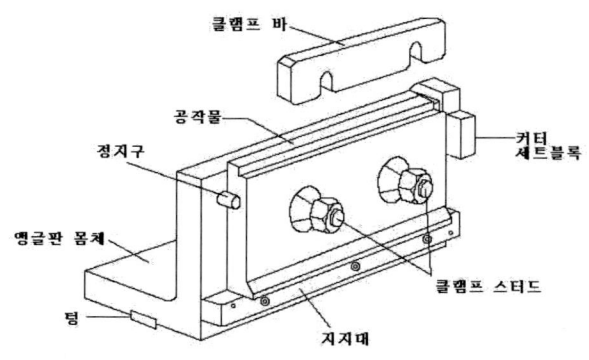

[그림 1-2-12] 밀링 고정구

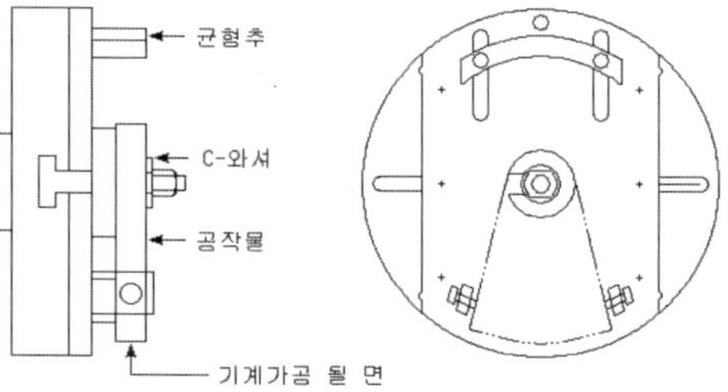

[그림 1-2-13] 선반 고정구

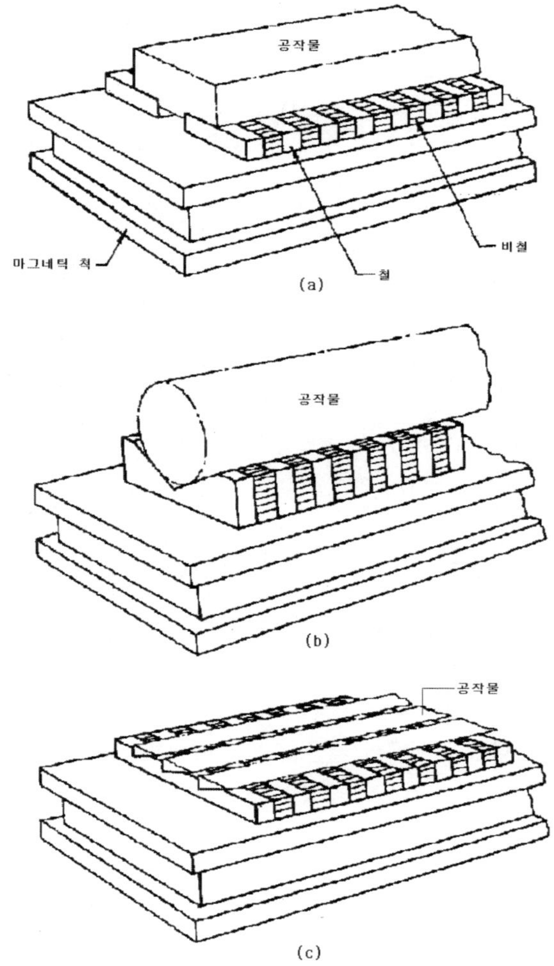

[그림 1-2-14] 연삭 고정구

(3) 모듈러 공구 세트(Modular Tooling Set)

 일반적으로 치공구는 특정가공물에 적합하도록 설계되어 대량 생산에 사용되는 것이 보통이다.

 그러나 생산제품의 모델이 매우 빠르게 바뀌어 가는(다품종 소량 생산)의 시장 동향에 적응하기 위한 방법으로 G.T(Group Technology) 시스템이 있다.

 이것은 정해진 형태의 제품을 고정하기 보다는 정해지지 않은 다양한 제품을 각각의 형태에 맞추어 조립하여 고정할 수 있도록 되어있는 모듈러 시스템이다.

 제품의 형상이나 모델이 비슷한 소량의 제품을 대량생산의 효과를 얻기 위해 여기에 적합한 모듈러 시스템을 이용하면 작업 준비시간과 치공구 제작비용을 크게 줄일 수 있다.

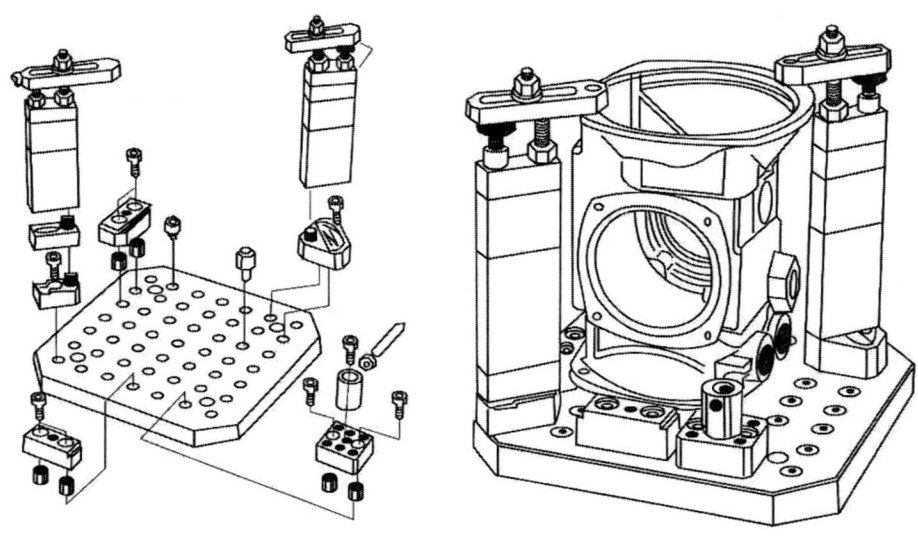

[그림 1-2-15] 모듈러 고정구의 조립

 앞으로의 시장의 동향은 각 사업장에 맞는 다양한 모듈러 시스템의 개발이 생산에 크게 기여하게 될 것으로 본다.

 기업은 이윤을 추구하기 때문에 빠르고 정확하며 원가를 절감할 수 있는 쪽으로 치공구를 사용하려고 하기 때문에 다양한 형태의 제품을 생산하는 기업의 입장에서는 여러 개의 치공구를 제작하여 보관하기 보다는 치공구 모듈러 셋을 이용하여 치공구의 제작비용을 절감하고 빠르게 생산하는 것이 원가절감이나 생산측면에서 유리한 것이다.

단원명 1 밀링 치공구제작 계획하기

장비 및 도구, 소요재료

1️⃣ 도구
  1. A4 용지, 계산기, 필기도구 등

안전유의사항

1️⃣ 유의사항
  1. 치공구의 종류 및 특성을 파악하여 어떠한 형태의 치공구를 제작할 것인지를 결정한다.
  2. 지그제작비용을 정확히 계산한다.
  3. 사업장내 생산 장비의 가동율을 파악하여 치공구제작 시기와 방법을 결정한다.

관련 자료

1️⃣ 관련자료
  1. 밀링 치공구제작 장비 메뉴얼
  2. 장비 별 생산단가 자료
  3. 치공구 관련 자료

치공구 관리

1-3 밀링 치공구의 제작결정

| 교육훈련 목표 | • 밀링에서 치공구제작을 위한 치공구의 종류별 특성을 파악한 후 사내 자체제작이나 외주제작 중 어떠한 방법으로 치공구를 제작할 것인지를 결정할 수 있어야 한다. |

필요 지식 치공구의 종류와 특성에 관한 지식

1 밀링 치공구의 제작 결정하기

밀링가공에서 치공구의 제작을 위해서는 밀링 치공구의 특성과 생산방식 등을 파악 하여 사내에서 자체제작을 할 것인지 아니면 외주 처리하여 외주업체에서 제작할 것 인지를 결정하여야 한다.

사내에서 치공구 제작을 위한 필요장비와 밀링 치공구의 정밀도 그리고 사용할 공작기계의 가동여유 등 회사의 사정을 고려하여 결정하는 것이 바람직하다.

또한 밀링 치공구의 일부 부품만을 외주제작에 의뢰하는 경우 발주의뢰서 등 필요한 서류를 작성할 수도 있어야 한다.

1. 치공구의 표준화 및 자동화

(1) 치공구의 표준화

치공구의 설계 및 제작에 있어서 표준화는 CAD, CAM, CNC공작기계의 활용 등에 따라 매우 중요하고 상당한 비중을 차지하게 된다.

치공구의 표준화로 얻을 수 있는 효과는 다음과 같다
(가) 비용 절감 효과
 ① 설계 및 제도 시간의 단축
 ② 기계 가동률 향상
 ③ 표준부품 이용에 의한 부품비 절감
 ④ 부품의 재이용
(나) 납기 단축 효과
 ① 부품 제작 시간의 단축
 ② 부품 구입 기간의 단축
 ③ 시험 가공후의 조정 및 수정 시간의 단축
(다) 품질 향상 효과
 ① 제품의 정밀성 및 신뢰성 향상
 ② 숙련도의 차이가 없다

　　③ 불량률 감소
　(라) 기능 향상 효과
　　① 사용 시 준비 작업의 용이
　　② 보수 및 정비가 쉽다
　(마) 기타
　　① NC 공작기계의 유용한 활용
　　② CAD, CAM의 유용한 활용
　　③ 생산관리 및 원가관리가 용이

(2) 치공구의 자동화

치공구의 주요기능(위치결정, 클램핑, 공작물의 장착 및 장탈)중 자동화가 필요한 부분은 공작물의 클램핑, 공작물의 장착과 장탈을 위한 공작물의 이송과 위치결정 등이다.

이러한 기능을 작업 내용에 맞추어 시퀀스 제어를 이용하여 자동화 하게 된다. 클램핑의 자동화에는 공압(空壓)이나 유압(油壓)실린더가 링크기구들과 주로 이용되고 공작물의 착, 탈 자동화에는 호퍼식 피더(Hopper Feeder), 바이브레터(Vibrator), 로봇(Robot), 매직핸드(Magic Hand)등을 이용한 기구가 많이 사용된다.

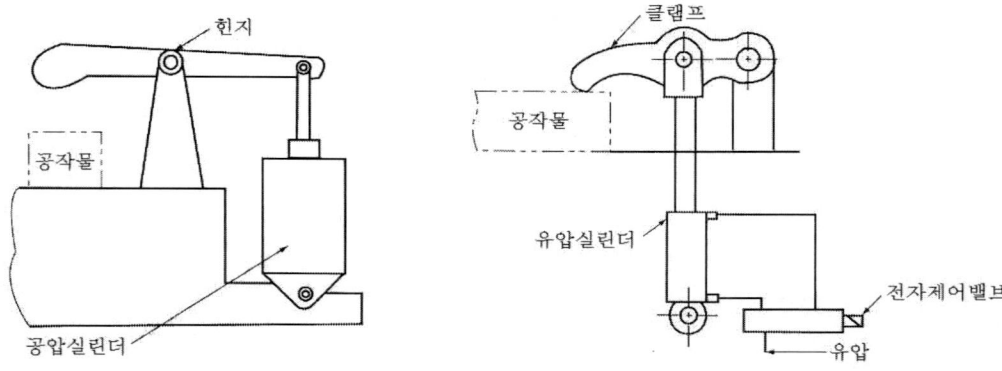

[그림 1-3-1] 자동화 클램프

② 밀링 치공구의 제작 발주서 작성하기

밀링 치공구의 제작을 사업장내 장비의 여력 및 생산 활동의 여건 등을 고려하여 자체 제작이 아닌 외주생산을 하기 위해서는 외주생산을 위한 발주서를 작성하여 생산의뢰를 할 수 있어야 한다. 다음은 어느 기업체에서 사용하고 있는 외주생산 발주서 양식을 보여 주고 있다. 발주서의 양식은 회사의 업무에 따라 다를 수 있다.

치공구 관리

[표 1-3-1] 외주 생산의뢰 발주서 양식

발 주 서

수신	■ 회 사 명 : ㈜케이디메탈 ■ 담 당 자 : 홍 길 동 과장 ■ 참 조 TEL : 02-265-4868 　　　　FAX : 02-265-4869	발신	■ 회 사 명 : ㈜엠엔알 하이드로텍 ■ 대 표 자 : 강 감찬 ■ 참 조 TEL : 051-263-1540 　　　　FAX : 051-263-1549

제 작 건	동 소재		
발주금액	₩400,000	지불합계	₩400,000
주문일자	2014년 11월 11일	납품요구일자	2014년 12월 11일

NO	품 명	규 격	수 량	단 가	비 고
1	베이스	234×186×20t	1	250,000	
2	스트랩 클램프	65×30×10t	2	100,000	
3	세트 블럭	50×20×25t	1	50,000	
4					
5					
	합　　계[VAT별도]				₩400,000

※ 결제조건 : 25일 마감 30일 현금결재
※ 납품 요구일자 꼭!! 지켜주시기 바랍니다.

상기와 같이 발주서를 지출합니다.

2014년 11월 11일

발주자 : ㈜엠엔알 하이드로텍 대표 강 감찬 (인)

단원명 1 밀링 치공구제작 계획하기

장비 및 도구, 소요재료

1 도구
  1. A4 용지, 계산기, 필기도구 등
  2. 외주 생산의뢰 발주서 양식

안전유의사항

1 유의사항
  1. 외주 생산의뢰 발주서를 양식에 맞게 작성한다.
  2. 외주 생산 지그제작비용을 정확히 계산한다.
  3. 사업장내 생산여건을 고려하여 외주제작 납기 일자를 결정한다.

관련 자료

1 관련자료
  1. 밀링 치공구제작 장비 메뉴얼
  2. 장비 별 생산단가 자료
  3. 치공구 관련 자료

치공구 관리

1-4 치공구 재료

교육훈련 목 표	• 밀링에서 치공구 제작에 있어서 치공구의 수명을 극대화하기 위해서는 필요한 재료를 부품별로 생산부품의 재질, 정밀도, 외관 등을 고려하여 선정할 수 있어야 한다. 또한 표준품의 경우에는 종류별 특성을 알고 구매할 수 있어야 한다.

필요 지식 : 치공구 재료의 선정에 관한 지식

1 밀링 치공구 재료 선정

밀링 치공구의 제작에 필요한 재료는 치공구의 수명을 극대화하기 위하여 가공물의 재질과 정밀도, 외관의 특성 등을 고려하여 치공구 제작에 필요한 재질을 선정하여야 한다.

또한 가공물의 변형이나 2차 가공 등을 고려한 설계를 할 수 있어야 한다. 밀링 치공구 제작에 사용될 재료를 선정하기 위해서는 사용될 재료의 절삭성 및 내구성, 경제성 등을 고려하여 선정하여야 한다. 표준품의 경우에는 종류별 특성을 파악하여 선정한다.

1. 밀링 치공구 재료에 필요한 성질

밀링 치공구에 사용될 재료의 성질로는 강도와 경도, 내마모성, 내식성, 인성, 열처리성, 기계적 성질 등이 우수해야 한다.

일반적인 재료의 성질은 다음과 같다.

(1) 경도(hardness)

재료가 가지는 단단한 정도를 의미하며 경도가 높을수록 내구도가 높다고 볼 수 있다.
경도를 측정하는 방법에는 로크웰 경도와 브리넬 경도 측정법이 주로 사용된다.

(2) 강도(strength)

재료가 외력에 저항하는 정도를 나타내는 것으로 기계가공에서 중요한 것이 강도이다.
강도에는 인장강도, 압축강도, 전단강도 등이 있다.

(3) 인성(toughness)

재료가 가지는 질긴 성질로 하중이나 충격이 재료에 가해졌을 때 재료가 흡수하는 정도를 의미한다. 보통 HRC 44~48 또는 HB 410~453 까지는 인성을 규제하며, 이 범위를 넘으면 취성의 영역이 된다.

(4) 취성(brittleness)

취성은 인성에 반대되는 성질이다. 재료에 하중이나 충격이 가해졌을 때 재료가 깨지는 성

단원명 1 밀링 치공구제작 계획하기

질을 의미한다. 일반적으로 경도가 높은 재료는 취성도 크다.

(5) 내마모성
두 재료 간에 지속적인 마찰이 일어날 때 마찰에 의해 생기는 마모에 대하여 견디는 정도를 의미한다. 일반적으로 경도가 높으면 내마모성도 높다.

(6) 기계가공성
재료가 얼마나 기계가공이 잘되는가를 나타내는 정도이다. 기계가공성은 공구수명과 표면거칠기, 정밀도 등에 직접적인 영향을 미친다.

2. 밀링 치공구 제작에 사용되는 재료
밀링 치공구에 사용되는 재료는 주철, 탄소강, 합금강, 구조용강 등과 같은 금속재료와 알루미늄합금, 동합금, 플라스틱 등과 같은 비철금속재료가 주로 사용된다.

(1) 철강재료
(가) 주철(cast iron)
  밀링 치공구 제작에서 주로 치공구 본체로 많이 사용되고 있다. 주철은 강에 비해 인장강도나 압축강도가 크고 주조성이 좋아 복잡한 형상의 제작이 가능하고 기계가공성, 내식성, 내마모성이 크고 가격도 저렴하여 많이 사용되고 있다.
(나) 탄소 공구강
  탄소량이 0.6~1.5%를 함유한 고품질의 탄소강으로 경화층이 얇고 강인성이 좋은 것이 특징이다. 필요시 열처리하여 경도를 높여 사용가능하다.
(다) 합금 공구강
  탄소량이 0.8~1.5%를 함유한 탄소강에 텅스텐(W), 크롬(Cr), 니켈(Ni), 바나듐(V) 등의 원소를 첨가하여 내마모성과 고온경도가 높으며 탄소공구강에 비해 절삭성이 좋다.
(라) 고속도강
  텅스텐(W), 크롬(Cr), 바나듐(V), 코발트(Co)등의 원소를 함유한 합금강으로 고온 경도가 좋으며 내마모성이 우수하여 공구재료로 많이 사용되고 있다.
(마) 기계 구조용 탄소강
  기계구조용 탄소강은 SF재와 저합금강의 중간 정도 특성을 가지며, 기호는 SM을 사용한다. 주 용도는 볼트, 너트, 리벳, 키, 핀 등에 사용하며 열처리하여 상당한 경도와 내마모성을 요구하는 부품에 사용하기도 한다.
(바)일반 구조용 압연강재
  현재 가장 많이 사용되는 강재이다. 중요한 강도를 요구하는 부위를 제외하고는 대부분의 기계나 구조물의 보조 재료로 사용되고 있다.
  용접성에도 문제가 없으며 강판, 형강, 봉, 평강 등의 형태로 사용되어진다.

(2) 비철금속 재료
(가) 알루미늄 합금
　지구상에서 가장 풍부하며 비중이 작고 전·연성, 열전도성, 전기전도성이 좋고 기계 가공성이 우수하며 표면에 산화막이 형성되어 내식성도 좋다.
(나) 알루미늄 합금의 종류
　① 주조용 알루미늄 합금
　　㉮ 실루민 : Al-Si계 합금으로 주조성은 좋으나 절삭성은 나쁘다.
　　㉯ 하이드로날륨 : Al-Mg계 합금으로 내식성이 우수하다.
　　㉰ 라우탈 : Al-Cu-Si계 합금으로 주조성이 좋고 인장강도가 우수하다.
　　㉱ Y-합금 : Al-Cu-Ni-Mg계 합금으로 내열성이 좋아 실린더헤드 및 피스톤에 사용된다.
　　㉲ 로우엑스 : Al-Si-Mg계 합금으로 기계적 성질이 우수하다.
　② 가공용 알루미늄 합금
　　㉮ 두랄루민 : Al-Cu-Mg-Mn계 합금으로 가볍고 강도가 우수하여 항공기, 차량부품 등에 많이 이용된다.
　　㉯ 초두랄루민 : 두랄루민보다 인장 강도가 우수하다.
　③ 내식용 알루미늄 합금
　　㉮ 알민(Almin) : Al-Mn계 합금으로 내식성이 우수하다.
　　㉯ 알드레이(Aldrey) : Al-Mn-Si계 합금으로 내식성이 우수하다.
　　㉰ 하이드로날륨 : Al-Mg계 합금으로 내식성이 우수하다.
(다) 마그네슘과 그 합금
　① 마그네슘의 성질
　　㉮ 비중 1.74로 금속 중 가장 가벼운 금속이다.
　　㉯ 강도나 열전도율은 구리, 알루미늄보다 낮다
　　㉰ 절삭성과 열간가공성은 구리, 알루미늄보다 좋다
　　㉱ 냉간가공성은 나쁘다.
　　㉲ 해수에 대한 내식성이 아주 나쁘다.
　② 마그네슘 합금의 종류
　　㉮ 다우메탈(dow metal) : Mg-Al계 합금으로 대표적인 주물용 합금이다. 주조성 단조성이 좋다.
　　㉯ 일렉트론(Electron) : Mg-Al-Zr계 합금으로 내열성이 우수하여 내연기관의 피스톤에 많이 사용된다.

(3) 기타 비금속 치공구 재료
(가) 범용 플라스틱
　① 플라스틱의 특성
　　㉮ 성형성, 가공성이 좋고 접합 및 표면처리가 쉽다.

㈏ 내식성, 내수성, 방습성, 전기 절연성이 좋다.
㈐ 가볍고 투명하며 착색성이 좋다.
㈑ 금속에 비해 내화성, 내열성이 나쁘다.
㈒ 오랜 시간 햇빛에 노출되면 강도와 경도가 감소한다.
(나) 범용 플라스틱의 종류
① 열가소성 플라스틱
  ㈎ 폴리에틸렌(PE) : 대표적인 열가소성 플라스틱으로 전기 절연성, 내수성, 방습성 등이 우수하고 독성이 없다. 사출성형품, 전선피복, 연료탱크, 용기재료 등에 널리 사용된다.
  ㈏ 폴리프로필렌(PP) : 비중이 0.9 정도이며 플라스틱 중 가장 가볍고 광택이 나며 흠집이 잘 나지 않는다. 기계 전기적 성질이 우수하여 포장용 테이프, 단열재, 파이프, 완구, 의료기구 등에 널리 사용된다.
  ㈐ 폴리염화비닐(PVC) : 내산성, 내알칼리성이 풍부하여 황산, 염산, 수산화나트륨 등에 부식되지 않고 전기절연성이 우수하여 수도관, 배수관, 텐트, 완구, 라디오 부품 등에 널리 사용된다.
  ㈑ 폴리비닐알코올(PVA) : 비닐론으로 상품화 되었다. 인체에 무해하며 접착성, 열가소성이 있어 각종부대, 컨베이어벨트, 천막 등을 만드는 중간 원료로 많이 사용된다.
  ㈒ 폴리스틸렌(PS) : 내수성을 가진 무정형 고체이다. 사출성형에 알맞은 중합체로 전기절연성 좋고 고주파 특성이 우수하여 고주파 전열재료, 선풍기 팬, 냉장고 칸막이, 계량기판 등에 널리 사용된다.
  ㈓ 폴리아미드(PA) : 나일론으로 상품화 되었다. 강하고 질기며 내식성, 내마멸성이 좋아 타이어, 로프, 벨트 등의 공업용 재료로 많이 사용되고 있다.
  ㈔ 아크릴계 플라스틱(PMMA) : 무색이고 투명하여 광학 유리로 가공할 수 있다. 빛의 투과율이 우수하여 자동차의 램프, 인공유리, 광학렌즈, 계기판 등에 널리 사용된다.

② 열경화성 플라스틱
  ㈎ 페놀계 수지(PF) : 베크라이트(baklite)라고 한다. 내열성이 좋고 전기절연성이 우수하여 전기기기, 가전제품 등에 많이 사용된다.
  ㈏ 불포화 폴리에스테르(UP : 포화 폴리에스테르와 강화플라스틱의 중합체로 전기적 성질, 내열성, 내약품성 등이 우수하여 전기부품, 건축재료, 자동차부품 등에 널리 사용된다.
  ㈐ 폴리우레탄(PU) : 섬유, 도료, 고무, 거품 폴리우레탄의 4가지 형태로 생산된 다. 이중 거품 폴리우레탄은 비중이 작고 강도가 크며 가공이 쉬워 자동차의 쿠션, 매트리스 등에 널리 사용된다.
  ㈑ 요소 포름알데히드 수지(FU) : 무색 투명한 유리상의 수지이며 착색성이 좋고 광택이 있으며 가격이 저렴하여 일용품이나 가구의 표면재료, 성형재료, 도료 등에 많이 사용된다.
  ㈒ 실리콘 플라스틱 : 규소 수지라고도 한다. 내열성, 내한성, 내수성, 전기 절연성 등이

치공구 관리

우수하여 실리콘수지, 실리콘고무 실리콘오일, 프린트기판 등에 널리 사용된다.
　㉕ 에폭시계(EP) : 에폭시기(基)를 가지는 것으로 개환중합(開環重合)으로 만들어지는 액체 또는 고체의 플라스틱이다. 금속과의 접착력이 좋아 접착제로 중요한 재료이다.
　㉖ 디아릴프탈레이트계(DAP) : 흡습성, 수축성이 매우작고, 내열성 및 전기절연성이 우수하여, 프린트 기판이나 마이크로스위치 등의 전기부품에 사용된다.
(다) 엔지니어링 플라스틱의 종류
　① 폴리옥시메틸렌(POM) : 강인하고 금속에 가까운 기계적 특성을 가지고 있어 가전제품, 자동차용품 등에 널리 이용된다.
　② 폴리카보네이트(PC) : 경도와 치수안정성 및 투명성이 좋고 내충격성이 우수하여 자동차의 창유리, 방진안경, 카메라 몸체 등에 널리 이용된다.
　③ 폴리에틸렌 테레프탈레이트(PET) : 폴리에스테르계 플라스틱으로 인장파열강도, 내충격성, 굴곡성이 뛰어나 식품용기, 전기, 전자부품, 일용품 등에 사용되며 특히 PET용기로서 유리병이나 금속용기 대용으로 널리 사용된다.
　④ 폴리에틸렌 나프탈레이트(PEN) : PET에 비해 파단강도가 높고 산이나 알칼리에 대한 특성이 양호하며 자외선이 투과되지 않아 PET대용으로 각광 받고 있다. 식품용기 외에 자기테이프, VTR테이프 등에 널리 사용된다.
(라) 고무
　① 천연고무 : 고무나무에서 채취한 액체 라텍스를 원료로 한 생고무를 황(S)을 첨가하고 가열하여 성형시킨 것으로 황이 15%이하인 것은 연질고무가 되고, 30% 이상인 것은 경질고무가 된다. 가공성이 좋고 전기 절연성이 좋아 전기절연재료로 많이 사용된다.
　② 합성고무 : 스티렌과 부타디엔의 혼성 중합체로 천연고무에 가까우며 천연고무의 주를 이룬다. 합성고무는 천연고무보다 탄성 및 인장강도가 떨어지지만 내마모성, 내열성, 내약품성이 우수하여 자동차용 타이어, 개스킷, 실(seal), 공업용 바퀴 등에 널리 사용된다.

2. 밀링 치공구 부품별 사용재료

(1) 치공구 본체 : 일반적으로 치공구 본체에 사용되는 재료로는 주조품, 구조용 강, 일반강재(SS400 또는 SM25C이상) 등이 주로 사용된다.
(2) 다리 : 치공구의 다리에 사용되는 재료는 주조품이나 일반강재(SS400 또는 SM25C 이상)를 가공하여 볼트 체결하거나 억지 끼워 맞춤하여 사용한다.
(3) 위치결정 핀 : 치공구의 위치결정 핀은 마모를 고려하여 SM45C 이상의 재료를 담금질하여 사용한다.
(4) 체결기구 : 일반적으로 체결기구는 변형을 고려하여 주철을 사용한다. 또한 주철을 대신하여 SM45C가 사용되기도 한다.
(5) 캠 : 캠은 SM45C 또는 STC5, STC7이 많이 사용한다.
(6) 부시 : 부시의 재질은 탄소공구강 5종(STC5), 고크롬강, 고탄소강을 많이 사용한다.
(7) V-블록 : 주로 SM45C, STC5나 주조품으로 GC200~GC250이 사용된다.

(8) 볼트, 너트, 와셔 : SS400. 또는 SM45C가 많이 사용된다.

이상의 부품이외에 치공구 제작에 사용되는 많은 부품들도 마모나 변형 등 여러 가지 성질 등을 고려하여 치공구 제작에 적합한 재료로 선정하여 사용한다.

2 밀링 치공구 재료의 열처리

 밀링 치공구 제작에 사용되는 부품별 재료들은 경도 강도 등 특성을 고려하여 필요한 재료들을 열처리하여 사용하기도 한다. 그러므로 열처리의 종류와 특성을 이해하고 치공구 제작에 활용한다.

1. 일반 열처리의 종류

 일반 열처리의 종류에는 담금질(Quenching), 뜨임(Tempering), 풀림(Annealing), 불림(Normalizing)등이 있다.

 (1) 담금질(quenching) : 소입(燒入)이라고 한다. 강의 경도와 강도를 증가시키기 위해 A1~A3 변태점 온도이상(오스테나이트 영역)으로 가열한 후 물이나 기름, 염욕속에서 급랭시킨다. 이때 나타나는 대표적인 조직은 마르텐사이트 조직이다.

 (2) 뜨임(tempering) : 소려(燒戾)라고도 한다. 담금질한 재료는 경도와 강도는 높으나 취성이 강하여 깨지기 쉽게 된다. 따라서 재료를 연화하고 인성(靭性)을 높이며 내부응력을 제거하기 위해 A1 변태점 이하의 온도로 가열한 후 공랭시킨다. 뜨임처리를 하게 되면 경도는 약간 떨어지지만 강도는 증가한다.

 (3) 풀림(annealing) : 풀림은 가공이나 담금질로 인하여 경화(硬化)된 재료의 내부균열을 제거하고 결정 입자를 미세화(微細化)하기 위하여 AC1 변태점 온도이상(오스테나이트 영역)으로 가열한 후 상온에서 공랭 또는 로냉으로 서서히 냉각시킨다.
풀림처리하면 일반적으로 퍼얼라이트(pearlite) 조직이 생성된다.

 (4) 불림(normalizing) : 주조나 단조에 의한 내부응력이나 가공으로 인한 과열조직을 미세화하고 기계적 성질 등을 표준화하기 위하여 Acm선보다 40~60℃ 높게 가열한 후 공랭시킨다. 불림처리를 하면 풀림처리 한 것보다 강도, 충격값, 단면축률 등이 좋다. 이때 조직은 미세한 퍼얼라이트(pearlite) 조직이 생성된다.

2. 특수 열처리의 종류

재료의 전체 또는 일부분을 가열, 냉각하거나 특수 원소를 첨가하여 내마모성, 내충격성 등을 향상시키기 위한 열처리 방법이다.

특수 열처리의 종류에는 고주파 경화법, 화염 경화법, 침탄법, 질화법, 청화법, 시멘테이션법 등이 있다.

(1) 부분가열 표면 경화

(가) 고주파 표면 경화 : 재료 둘레에 코일을 감고 고주파 전류를 가열한 후 물이나 기름에서 급랭시킨다. 경화가 필요한 부위만을 경화시킬 수 있다.

(나) 화염 표면 경화 : 산소-아세틸렌 불꽃으로 표면을 급속히 가열한 후 물로 급랭하여 표면만을 경화시키는 방법이다. 선반의 베드, 크랭크 축, 기어, 레일, 샤프트 등의 표면 경화에 널리 활용되고 있다

(다) 레이저 표면 경화 : 재료의 특정부위를 레이저로 가열하여 열전도에 의해 냉각경화시키는 방법으로 담금질이 필요 없어 변형도 적고 담금질 깊이도 조절할 수 있다.

(라) 레이저빔 표면 경화 : 재료의 특정부위를 레이저빔을 주사하여 표면을 경화시키는 방법으로 주사속도에 따라 경화가 다르게 나타난다. 디젤엔진의 실린더라이너, 피스톤 링, 기어 하우징, 전단기 날의 경화 등에 널리 활용되고 있다.

(2) 전체가열 표면 경화

(가) 침탄법 : 강의 표면을 경화하기 위한 것으로 0.2%C 이하의 저탄소강을 침탄제속에 묻고 가열하여 표면에 탄소를 침투시켜 그 표면을 고탄소강으로 만드는 것을 침탄이라고 한다. 침탄법에는 침탄제에 따라 고체침탄, 액체침탄, 가스침탄이 있다.

① 고체 침탄법 : 침탄하려는 소재를 숯이나 코크스 분말 등의 침탄제와 탄산바륨($BaCO_3$) 등의 침탄촉진제를 혼합하여 상자 속에 넣고 밀폐시킨 다음 900~950℃로 몇 시간 동안 가열하면 표면층이 침탄 된다.

② 액체 침탄법 : 시안화칼륨(KCN), 시안화나트륨(NaCN) 등의 침탄제를 상자 속에 넣고 가열하여 용해시킨 다음 침탄하려는 소재를 넣고 일정시간 경과하면 소재 표면에 C와 N이 동시에 침투되다. 이것을 담금질하면 표면층이 경화되는 데 이것을 액체 침탄 또는 침탄질화라고 한다.

③ 가스 침탄법 : 침탄하려는 소재를 메탄(CH_4)가스나 프로판(C_3H_8)가스 등의 탄화수소계 침탄 가스가 가득찬 침탄 상자속에 넣고 가열하면 소재 표면에 일정한 탄소 함유량을 가진 침탄층을 얻을 수 있다.

(나) 질화법 : 강의 표면에 질소(N)를 침투시켜 소재의 표면을 단단하게 하는 것으로 알루미늄(Al)이나 크롬(Cr)을 함유한 질화용 강을 암모니아(NH_3)가스 중에서 약 500℃로 오랜 시간 가열하면 질소 화합물이 소재 표면에 흡수되어 표면을 경화하는 방법이다.

① 액체 침탄 질화 : 액체 침탄 질화는 액체 침탄법과 같다.
② 가스 침탄 질화 : 침탄가스에 암모니아(NH_3) 가스를 섞어 750~850℃로 가열하여 침탄과 질화를 동시에 하는 방법이다. 고온에서는 C의 침투가, 저온에서는 N의 침투가 일어난다.
(다) 청화법 : 약품 담금질이라고도 한다. 청산소다, 청산칼리 등의 시안화물을 사용한 표면 경화법으로 비교적 얇은 경화 층을 얻을 수 있다.
(라) 금속 확산 침투법(cementation) : 아연(Zn), 알루미늄(Al), 크롬(Cr), 규소(Si), 붕소(B) 등을 고온에서 침투 확산시켜 피막을 만드는 방법
① 세라다이징 : 금속 표면에 아연(Zn)을 침투 확산시키는 방법
② 칼로라이징 : 금속의 표면에 알루미늄(Al)을 침투 확산시키는 방법
③ 크로마이징 : 금속의 표면에 크롬(Cr)을 침투 확산시키는 방법
④ 실리코나이징 : 금속의 표면에 규소(Si)를 침투 확산시키는 방법
⑤ 보로나이징 : 금속의 표면에 붕소(B)를 침투 확산시키는 방법

치공구 관리

장비 및 도구, 소요재료

1 도구
  1. A4 용지, 계산기, 필기도구 등

안전유의사항

1 유의사항
  1. 치공구제작에 사용되는 재료의 종류와 특성을 파악한다.
  2. 밀링 치공구제작에 사용될 최적의 재료를 선정한다.
  3. 열처리의 방법을 알고 치공구제작 재료에 적용할 수 있다.

관련 자료

1 관련자료
  1. 밀링 치공구제작 장비 메뉴얼
  2. 장비 별 생산단가 자료
  3. 치공구 관련 자료
  4. 기계재료의 종류와 특성에 관한 자료
  5. 재료의 열처리 종류와 방버에 관한 자료

단원명 1 밀링 치공구제작 계획하기

1-5 밀링 치공구의 사용

교육훈련 목표	• 밀링에서 치공구 제작에 있어서 생산제품의 모양, 대칭성여부, 가공방향 등을 고려하여 제품이 정확하게 장착되고 정밀하게 가공될 수 있도록 설계계획 할 수 있어야 한다.

필요 지식   치공구 관리에 관한 지식

1 밀링 치공구의 설계 계획

밀링 치공구를 제작하여 사용할 때 잘못된 사용으로 인한 치수불량이나 변형 등이 발생하지 않도록 적절한 설계가 필요하며 잘못된 사용방법등도 익히고 치공구 설계 및 제작에 활용 할 수 있어야 한다.

1. 공작물 관리

공작물 관리(Workpies Control)란 공작물이 가공이나 기타 공정 중에 공작물의 변위량이 공차 범위 내에서 관리 되도록 공작물을 제어하는 것을 말한다.
공작물의 위치 결정면과 고정위치를 성립하기 위하여 공작물 관리가 필요하다.

공작물 관리의 목적은 다음과 같다.
  (1) 절삭력이나 클램핑력 등 외부의 힘이 작용하여도 흔들리거나 이탈을 방지한다.
  (2) 공작물의 위치는 작업자의 숙련도에 관계없이 일정위치를 유지한다.
  (3) 공작물의 변형을 방지한다.

공작물 변위에 영향을 주는 요인들은 다음과 같다.
  (1) 공작물의 고정력(Holding Force)
  (2) 공작물의 절삭력(Cutting Force)
  (3) 재질의 치수변화(Stroke Variation)
  (4) 먼지 또는 칩(chip)
  (5) 공구의 마모
  (6) 작업자의 숙련도
  (7) 공작물의 중량
  (8) 온도, 습도 등

공작물 관리에서의 중요한 관리 요소들은 다음과 같다.

(1) 형상 관리(Geometric Control)
(2) 기계적 관리(Mechanical Control)
(3) 치수 관리(Dimensional Control)
(4) 중심선 관리(Centerline Control)

2. 형상 관리

형상 관리는 다양한 형상의 공작물이 치공구(Jig & Fixture)내에서 안정 상태를 유지 하도록 공작물의 형상을 관리하는 것을 형상 관리라 한다.

형상 관리의 이점은 다음과 같다.
(1) 작업자 숙련도 불필요.
(2) 공작물의 이탈 경향의 최소화.
(3) 공작물의 변위량 감소.
(4) 먼지, 칩 등에 의한 공작물의 오차감소.

(가) 3-2-1 위치 결정법

공작물에 위치 결정구를 배열하는 것을 위치 결정법이라 한다. 육면체의 가장 이상적인 위치 결정법은 3-2-1위치 결정법이다.
3-2-1 위치 결정법은 가장 넓은 면에 3개의 위치 결정구를 설치하고 다음 면에 2개의 위치 결정구를 그리고 가장 좁은 면에 1개의 위치 결정구를 설치하는 것을 말한다.

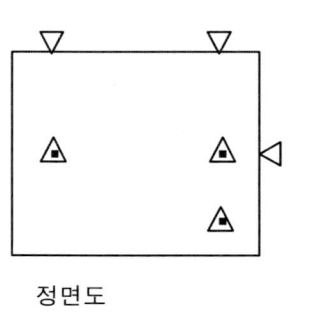

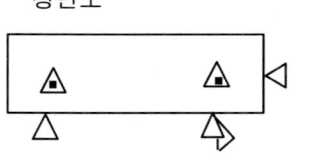

[그림 1-5-1] 3-2-1 위치 결정법

(나) 2-2-1 위치 결정법

원통형이나 원추형의 공작물을 위치 결정할 경우 가장 이상적인 위치 결정법으로 공작물의 밑면에 2개 측면에 2개 그리고 단면에 1개의 위치 결정구를 설치하여 안정감을 유지하게 된다.

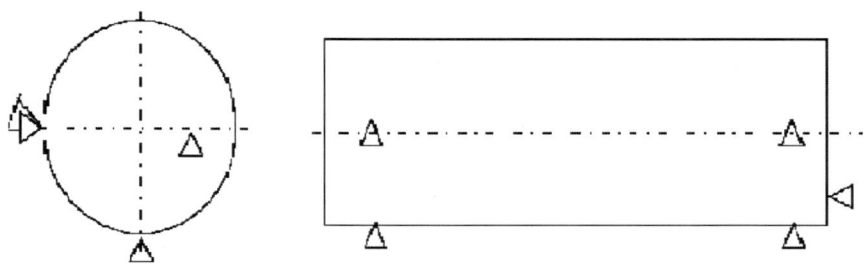

[그림 1-5-2] 2-2-1 위치 결정법

3. 기계적 관리

공작물은 고정력, 절삭력 또는 자중(自重)에 의하여 휨이나 변형이 발생할 수 있다. 기계적 관리는 공작물을 가공할 때 발생하는 외력에 의하여 공작물의 변형 및 치수 변화가 없도록 관리하는 것을 기계적 관리라 한다.

이것은 위치 결정구의 위치나 수량, 고정구의 위치를 잘 선택함으로써 방지할 수 있으며 다음 사항에 주의하여야 한다.
(1) 고정력은 정확한 위치에 가한다.
(2) 지지구를 정확한 위치에 설치한다.
(3) 위치 결정구를 정확한 위치에 배치한다.

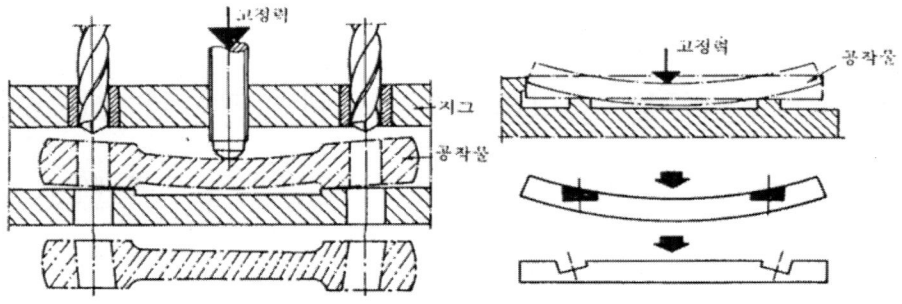

[그림 1-5-3] 고정력에 의한 변형

고정력은 위치 결정구가 설치된 위에 가해 주어야 공작물의 변형이 작으며 위치 결정구 및 지지구는 필요한 곳을 잘 선정하고 중복은 피하는 것이 좋다.

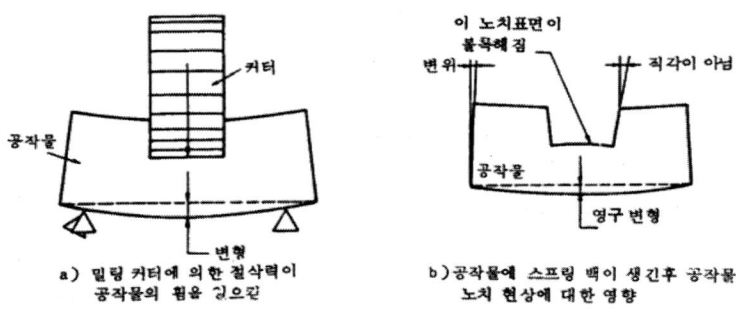

[그림 1-5-4] 절삭력에 의한 변형

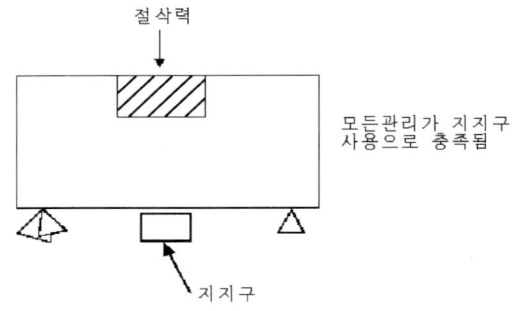

[그림 1-5-5] 지지구 사용에 의한 공작물 관리

4. 치수 관리

치공구(Jig & Fixture)에 의해 가공된 공작물은 도면상에 나타난 공차 범위 내에서 정확히 가공되어야 한다.

치수 관리란 공차 누적(Tolerance Stack)의 발생과 공작물의 변위량이 치수 공차의 범위를 벗어나지 않도록 관리하는 것을 치수 관리라 한다.

치수 관리를 위해서는 공작물과 위치 결정구와의 정확한 접촉이 이루어져야 한다.

5. 중심선 관리

원통형 공작물의 경우 위치 결정은 외경을 기준으로 이루어지는 경우가 많다. 공작물의 위치 결정구가 적합한 위치에 설치되었다 하더라도 가공된 공작물의 외경변화에 따라 부적합한 치

수 관리가 이루어지는 경우가 많다.

중심선 관리란 가공된 공작물의 외경이 조금씩 변하더라도 공작물 중심선의 변화를 최소화하기 위하여 관리하는 것을 중심선 관리라 한다.

이것은 주어진 도면의 치수의 기준을 정확히 판단하여 위치 결정구를 설치해야 한다.

예) 다음은 밀링 작업을 통하여 12.5mm의 치수를 관리할 때 위치 결정구의 예이다

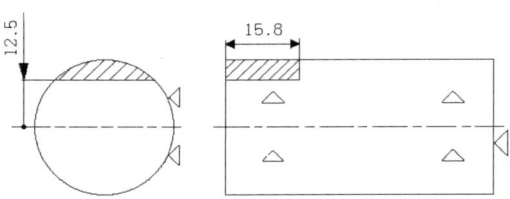

[그림 1-5-6] 중심선 관리

2 장착과 장탈

장착(loading)이란 가공물을 치공구에 위치결정하고 클램핑하여 가공할 수 있도록 고정하는 것이고 장탈(unloading)이란 가공이 끝난 가공물을 치공구에서 클램핑을 해제하고 꺼내는 것을 말한다.

이렇게 장착과 장탈이 이뤄지는 과정에서 잘못된 장착이 되지 않도록 하는 것이 중요하다.

1. 가공물의 위치결정

가공물을 치공구에 설치된 위치 결정구에 정확하게 설치하는 것이다. 먼지나 칩 등에 의해 부정확한 위치결정이 이뤄지지 않도록 주의해야 하며 버(burr)나 재밍 현상 등으로 불확실한 위치결정이 일어나기도 한다.

(1) 판(면)에 의한 위치결정

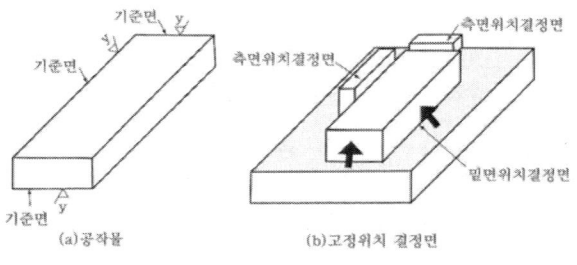

[그림 1-5-7] 고정 면에 의한 위치결정

(2) 핀에 의한 위치결정

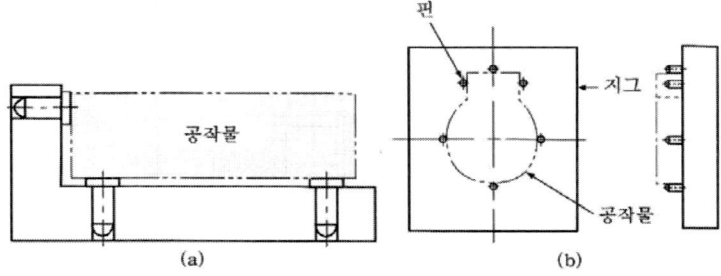

[그림 1-5-8] 핀에 의한 위치결정

(3) 패드에 의한 위치결정

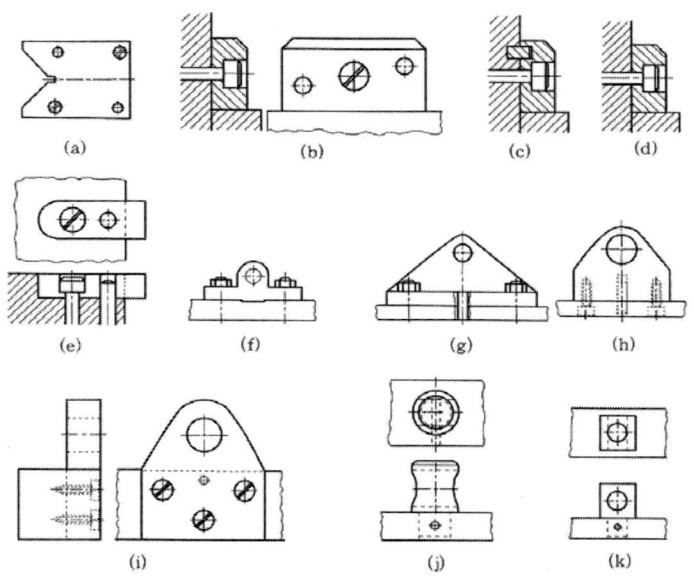

[그림 1-5-9] 다양한 형태의 패드

(4) 버튼에 의한 위치결정

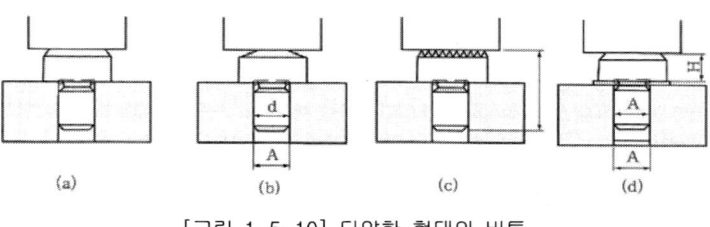

[그림 1-5-10] 다양한 형태의 버튼

2. 네스팅(nesting)

 네스팅이란 한 부품이 일직선상에서 적어도 두 개의 반대 방향의 운동을 억제하는 경우, 둘 또는 그 이상의 표면사이에서 억제되며 위치 결정되는 방법을 말한다.

 [그림 1-27]의 (a)는 공작물의 윤곽에 따라 네스팅을 한 것으로 반원형의 홈은 공작물의 장착과 장탈을 용이하게 한 것이다.

 네스트와 부품간의 틈새는 부품의 공차에 의해 결정되며 네스트는 외형이 일정하게 가공된 부품에 적합하다. 단조품이나 주조품은 외형이 일정하지 않아 네스트가 적합하지 않다.

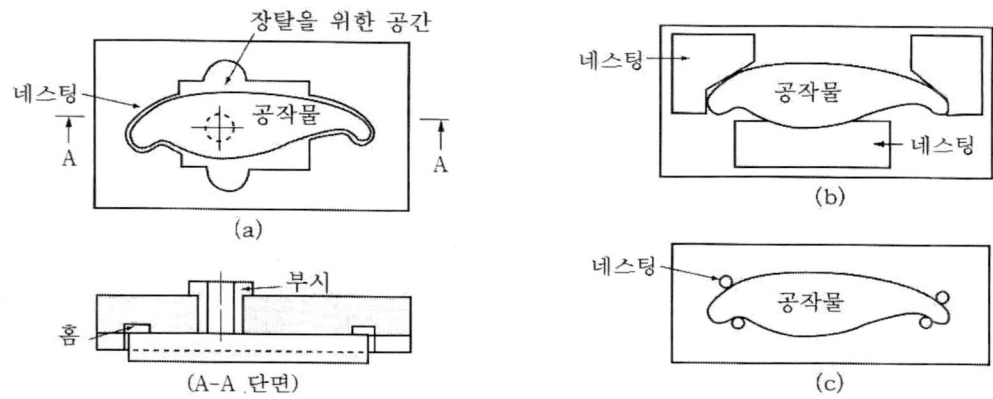

[그림 1-5-11] 공작물 형상에 따른 네스팅

3. 풀 프로핑(fool frooping)

 방오법이라고도 하며 비대칭의 부품을 치공구에 장착할 때 작업자의 착오로 인하여 잘못 장착되지 않도록 공작물의 올바른 장착위치를 쉽게 찾아내서 신속하게 장착하기 위한 보조 장치이다.

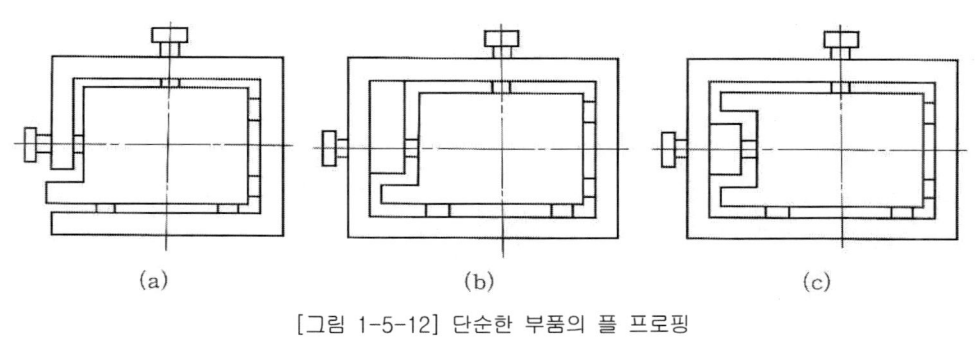

[그림 1-5-12] 단순한 부품의 풀 프로핑

4. 이젝터(ejector)

치공구에 의해 가공된 부품을 치공구에서 장착하거나 장탈하는 시간은 작업자의 능률에 많은 영향을 미치게 된다. 이 때, 가공된 부품을 치공구에서 빠르게 제거할 수 있도록 부가적으로 설치한 기구가 이젝터이다.

이젝터는 작업자의 편리성 보다 경제적인 장점을 위한 기구로서 대량생산에서 효과가 크다. 또한 부품의 착, 탈을 위한 손이 들어갈 공간이 필요 없게 되므로 치공구의 크기를 줄일 수 있다.

이젝터의 구성요소는 핀과 스프링, 레버 등이다. 대형제품 치공구의 경우에는 이젝터를 공유압을 이용한 기구 등과 연동시켜 클램프를 풀 때 이젝터가 작동하도록 하는 방법도 작업능률을 위한 방법이다.

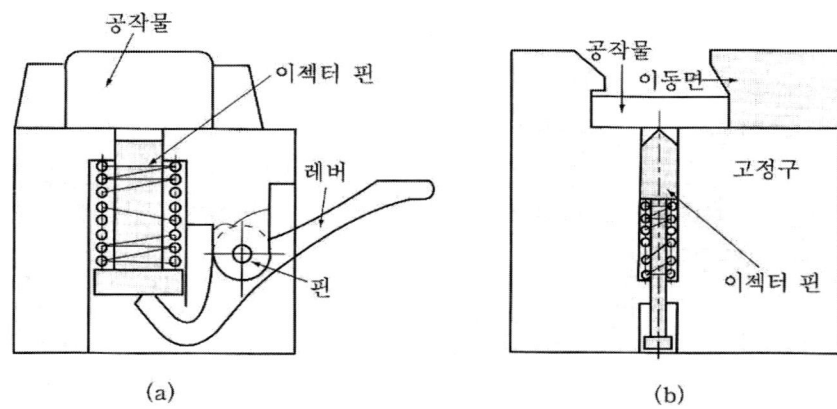

[그림 1-5-13] 이젝터

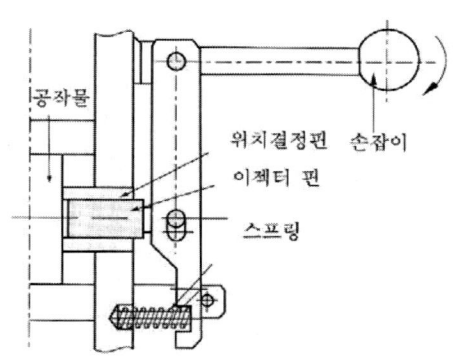

[그림 1-5-14] 측면 이젝터

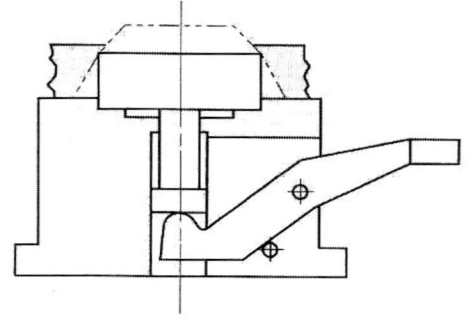

[그림 1-5-15] 레버를 이용한 이젝터

5. 클램핑

(1) 클램프 장치

클램핑 장치란 지그나 고정구의 한 요소로써 공작물을 클램핑(clamping), 척킹(chuc- king), 홀딩(holding) 및 구속(gripping)하는 것이다.

이러한 클램핑 장치의 주된 목적은 공작물을 소요 위치에 고정하고 가공력이나 기타외력을 견뎌내어 충분히 공작할 수 있는 기능을 갖도록 한 것이다.

특히 클램프는 부품을 신속하게 장착, 장탈 할 수 있도록 설계해야 하며, 사용할 때 많은 시간을 요하게 되면 생산 능률을 저하시키게 된다.

클램프의 기본 원리

① 공작물의 변형이 발생되지 않는 범주에서 공작물의 단단한 부위를 클램핑 한다.
② 고정된 지지점의 바로 위에서 공작물을 견고하게 고정한다.
③ 공작물에 발생되는 모든 힘을 수용할 수 있는 능력이 있어야 한다.
④ 클램프는 절삭에 방해가 되지 않아야 한다.
⑤ 클램프는 복잡하지 않고 간단한 것이 효과적이다.
⑥ 클램프는 설치나 제거가 용이하고 공작물의 착, 탈시 간섭이 없어야 한다.
⑦ 공작물에 손상을 주지 않고 확실하게 고정 되도록 설계한다.
⑧ 클램프는 고정구의 전면이나 작업자 쪽에서 작동되도록 설계한다.
⑨ 측면 클램프 시 공작물이 안정되도록 안쪽 아래 방향(內下向)으로 가압 한다.
⑩ 캠이나 쐐기클램프 시 하중이나 진동에 의해 풀리지 않도록 설계한다.
⑪ 표면이 기계 가공되어 있을 때 클램프에 의한 공작물이 손상되어서는 안 된다.
⑫ 클램핑력을 계산할 때 불균일한 절삭 깊이, 절삭공구의 마멸, 절삭력의 차이 또는 재료의 경도 변화 등에 의해 절삭력이 변화됨을 고려해야 한다.

(2) 클램프의 종류

지그와 고정구에서 일반적으로 사용되고 있는 클램프의 종류는 다양하다. 치공구 설계자가 선택하는 클램프의 형태는 공작물의 크기와 모양 지그와 고정구의 형태와 수행될 작업등에 의해 결정된다.

치공구 설계자는 가장 단순하고 사용이 편리하고 효율적인 클램프를 선택해야 한다.

(가) 스트랩 클램프(strap clamp)

치공구 관리

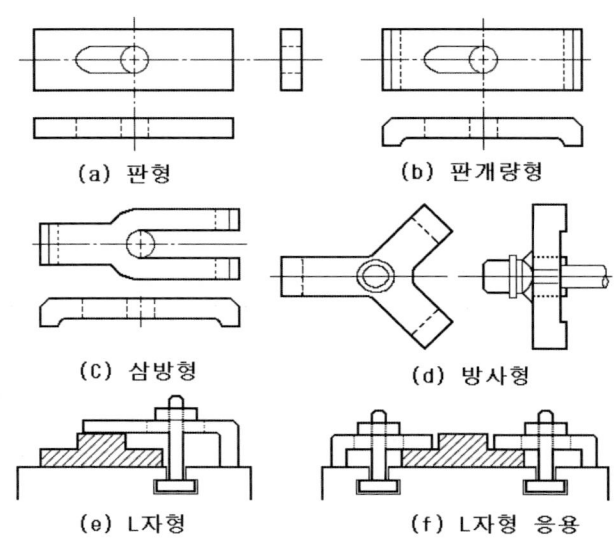

[그림 1-5-16] 스트랩 클램프

(나) 나사 클램프(Screw Clamp)

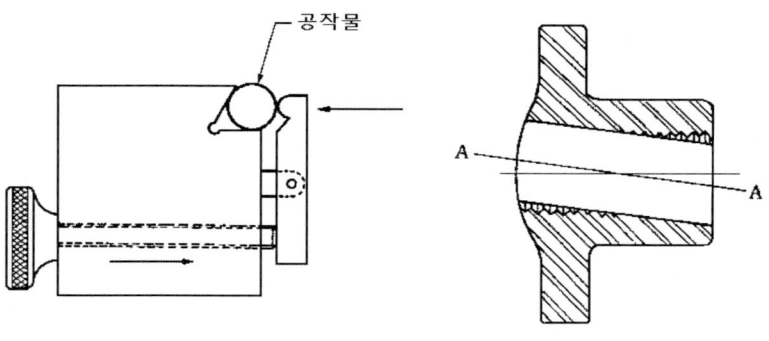

[그림 1-5-17] 나사 클램프   [그림 1-5-18] 급속 체결나사

(다) 캠 클램프(Cam Clamp)
① 판형 편심캠(Flat Eccentric Cam)
② 판형 나선캠(Flat Spiral Cam)
③ 원통 캠(Cylindrical Cam)

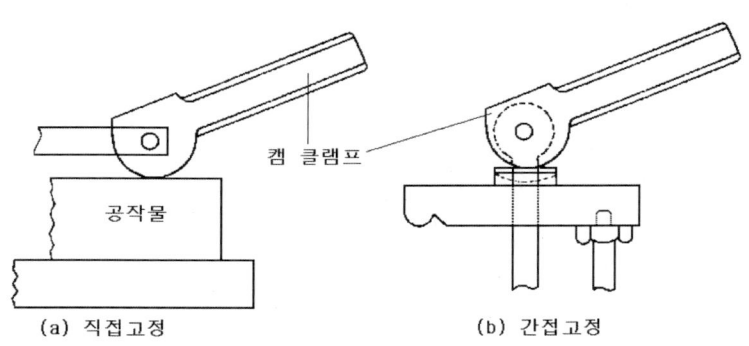

[그림 1-5-19] 캠 클램프

(라) 쐐기 클램프(Wedge Clamp)
① 판형 쐐기 클램프(Flat Wedge Clamp)
② 원추형 쐐기 클램프(Conical Wedge Clamp)

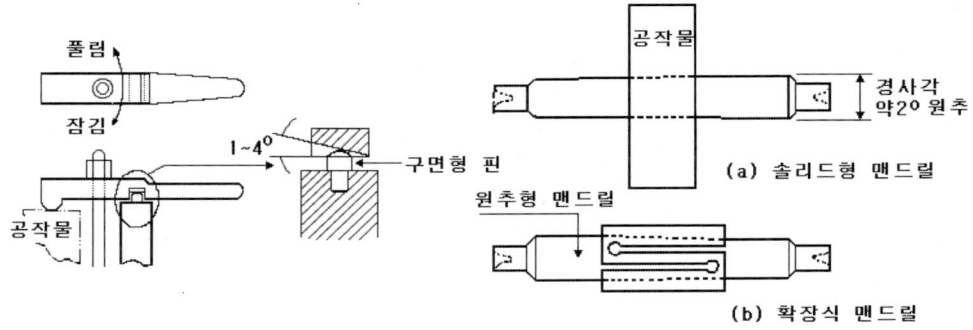

[그림 1-5-20] 쐐기클램프　　　　[그림 1-5-21] 원추형 맨드릴

(마) 토글 클램프(Toggle Action Clamp)
토글 클램프의 동작은 4가지의 기본 동작으로 동작 된다.
① 하향 잠금형(Hold Down Action)
② 압착형(Squeeze Action)
③ 당기기형(Pull Action)
④ 직선 이동형(Straight Line Action)

치공구 관리

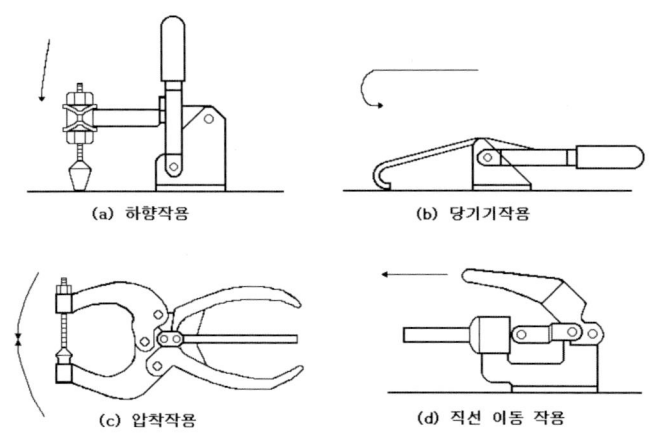

[그림 1-5-22] 토글 클램프

(바) 동력 클램프(Power Clamp)

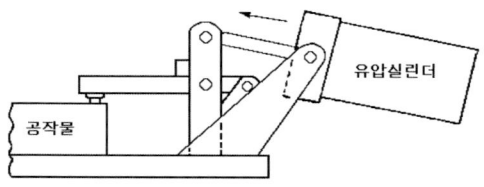

[그림 1-5-23] 동력 클램프

(3) 클램핑 방법
 (가) 나사에 의한 클램핑
  ① 직접 압력식
  ② 간접 압력식
  ③ 직접 및 간접의 복합식
  ④ 균등식
  ⑤ 단동 복합식
 (나) 나사 이외의 클램핑
  ① 캠에 의한 클램핑
  ② 급속동작 캠로크 클램핑
  ③ 유압에 의한 클램핑
  ④ 피스톤 작용에 의한 클램핑

(4) 클램핑 하중의 분포

공작물 표면이 불규칙 하거나 2개 이상의 공작물을 동시에 클램핑 하고자 할 경우 클램핑의 하중을 분포시켜 골고루 클램핑력이 작용하도록 해야 한다.

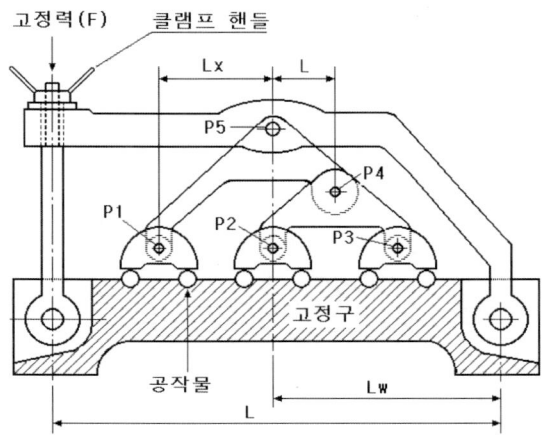

[그림 1-5-24] 클램핑력의 분포

6개의 공작물을 클램핑 하는 방법으로 각 공작물에 f의 등분포력으로 클램핑 하는 것으로 P1, P2, P3의 각 핀에는 2f의 힘이 작용한다. 핀 P4에는 4f의 힘이 작용하고 P5에는 6f의 힘이 작용한다. (∴ Lx의 길이는 L의 2배로 만들면 된다)

(5) 클램핑력의 계산

(가) 스트랩 클램프

F : 볼트 체결력
d : 볼트 직경
W : 클램프 폭
t : 클램프 두께
R : 지지점 반력
C : 볼트용 구멍 폭
P : 공작물 클램핑력
A : 지지점과 볼트간 거리
B : 지지점과 공작물간 거리
W : 2.3d + 1.5mm
C : 볼트의 지름(d) + 1.5mm
$t = \sqrt{0.85dA(1-\dfrac{A}{B})}$

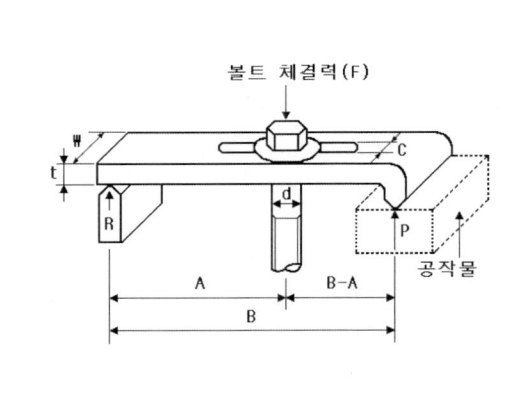

[그림 1-5-25] 스트랩 클램프의 체결력

치공구 관리

[예제1] [그림 1-5-25]과 같은 스트랩 클램프에서 길이가 140mm인 렌치로 볼트를 조일 때 렌치의 끝에는 5kg의 힘이 걸렸다. 다음을 계산하시오?
  (단, 볼트의 지름 d=12mm, A=150mm, B=250mm이다.)
 (1) 스트랩 클램프의 폭(W) ?
 (2) 스트랩 클램프의 두께(t) ?
 (3) 볼트에 걸리는 하중(F) ?
 (4) 스트랩 클램프의 모멘트(M) ?
 (5) 클램프에 걸리는 최대응력(σ_{max}) ?
 (6) 이 재료의 최대응력이 $45 kg/mm^2$일 때 안전계수(FS) ?
 (7) 이 볼트에 작용될 수 있는 최대 수직하중(F_{max}) ?

[풀이]
 (1) 스트랩 클램프의 폭 $(W) = 2.3d + 1.5 = 2.3 \times 12 + 1.5 = 29.1 mm$
 (2) 스트랩 클램프의 두께 $(t) = \sqrt{0.85 dA(1 - \frac{A}{B})} = \sqrt{0.85 \times 12 \times 150 \times (1 - \frac{150}{250})}$
      $= \sqrt{612} = 24.7 ≒ 25 mm$
 (3) 볼트에 걸리는 하중(F)는 토오크(T)와 볼트의 지름(d)과의 함수이다.
    $T = d \cdot \frac{F}{5}$ 에서, $F = \frac{5T}{d}$ 이다. 여기서 $T = 5kg \times 140mm$ 이므로,
    $\therefore F = \frac{5(5 \times 140)}{12} ≒ 291.7 [kg]$
 (4) 스트랩 클램프 모멘트
    힘의 평형조건에서 $F = P + R \rightarrow R = F - P$
    R점에서의 모멘트 $AF - BP = 0$
    $$\therefore P = \frac{AF}{B}$$
    F점에서의 모멘트 $M = R \cdot A = (F - P)A = (F - \frac{AF}{B})A = \frac{FA(B-A)}{B}$
    $$\therefore M = \frac{291.7 \times 150 \times (250-150)}{250} = 17,502 [kg \cdot mm]$$
 (5) 클램프에 걸리는 최대응력 $(\sigma_{max}) = \frac{M}{Z}$
    단면계수 $(Z) = \frac{(W-C)t^2}{6} = \frac{(30-13.5) \times 25^2}{6} = 1718.8 [mm^3]$
    (단, C는 스트랩 클램프의 홈의 크기로 통상 볼트지름보다 1.5mm 크게 한다.)
    $\therefore \sigma_{max} = \frac{M}{Z} = \frac{17502}{1718.8} = 10.2 [kg/mm^2]$

(6) 안전계수$(FS) = \dfrac{허용응력}{\sigma_{max}} = \dfrac{45}{10.2} = 4.4$

(7) 볼트에 작용하는 최대 수직하중

$d = 1.35 \times \sqrt{\dfrac{F_{max}}{\sigma_{max}}}$ 에서, $F_{max} = \dfrac{d^2 \times \sigma_{max}}{1.35^2} = \dfrac{12^2 \times 10.2}{1.35^2} = 805.9[kg]$

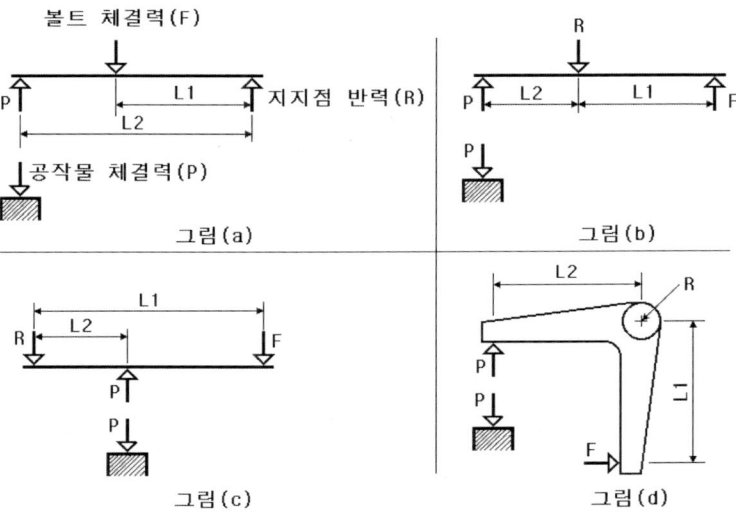

[그림 1-5-26] 스트랩 클램핑 역학

그림(a)의 경우, $\dfrac{P}{F} = \dfrac{L1}{L2}$ $\therefore P = \dfrac{L1}{L2} \cdot F$ 모멘트$(M) = R \cdot L1$

$\qquad\qquad\qquad\qquad\qquad\qquad\qquad\qquad\qquad = P(L2 - L1)$

$\qquad\qquad\qquad\qquad\qquad\qquad\qquad\qquad\qquad = F \cdot \dfrac{L1(L2 - L1)}{L2}$

그림(b)의 경우, $\dfrac{P}{F} = \dfrac{L1}{L2}$ 모멘트$(M) = F \cdot L1$

$\qquad\qquad\qquad\qquad\qquad\qquad\qquad\qquad = P \cdot L1$

그림(c)의 경우, $\dfrac{F}{P} = \dfrac{L1}{L2}$ 모멘트$(M) = F(L1 - L2)$

$\qquad\qquad\qquad\qquad\qquad\qquad\qquad\qquad = P \cdot \dfrac{L2(L1 - L2)}{L1}$

그림(d)의 경우, $\dfrac{P}{F}=\dfrac{L1}{L2}$ 　　　모멘트$(M)=F\cdot L1$
$$=P\cdot L2$$

(나) 쐐기형 클램프

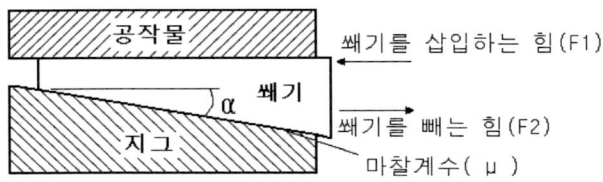

[그림 1-5-27] 쐐기 클램프

마찰계수 μ인 두 개의 미끄럼 표면상에서의 힘은 P와 μP가 된다.

쐐기를 삽입하는 힘 $(F1)=2P\cdot\sin\dfrac{\alpha}{2}+2\mu P\cdot\cos\dfrac{\alpha}{2}$

$$=2P(\sin\dfrac{\alpha}{2}+\mu\cos\dfrac{\alpha}{2})\text{이 된다.}$$

쐐기를 빼는 힘 $(F2)=-2P\cdot\sin\dfrac{\alpha}{2}+2\mu P\cdot\cos\dfrac{\alpha}{2}$

$$=2P(-\sin\dfrac{\alpha}{2}+\mu\cos\dfrac{\alpha}{2})\text{이 된다.}$$

결국, $F2=0$이 되어야 쐐기가 풀어지지 않으므로 $-\sin\dfrac{\alpha}{2}+\mu\cos\dfrac{\alpha}{2}=0$, $\tan\dfrac{\alpha}{2}=\mu$가 된다.
즉 자립을 위한 조건은 α가 작으면 F2는 커지기 때문에 α가 2μ보다 작으면 자립된다.
마찰계수 $\mu=0.15$라면 α는 $16°$가 되며 이보다 큰 각에서는 자립할 수 없다.
결론적으로 $16°$까지가 자립한계이므로 실제는 $10°\sim 7°$ 정도가 안전하다.

<표 1-5-1> 쐐기 또는 캠의 마찰 계수(μ)

쐐기 또는 캠	마 찰 계 수(μ)	
	클램핑 시	풀 때
경 화 강 재	0.19-0.20	0.19-0.20
기계구조용강	0.17-0.19	0.20
주　　　철	0.15-0.17	0.17-0.19
알루미늄 합금	0.17-0.18	0.18-0.20
플 라 스 틱	0.12-0.16	0.15-0.18

(다) 나사형 클램프

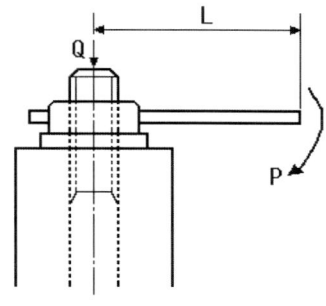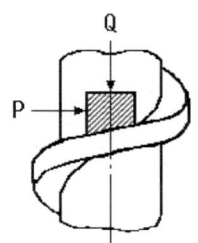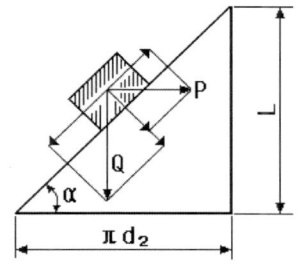

[그림 1-5-28] 나사에 작용하는 힘

① 사각 나사의 경우

나사를 돌리는 힘= P   축방향으로 가해지는 힘= Q 라 하고 이 두 힘을 빗면에 수직한 힘과 수평한 힘으로 나눈다.

Q의 빗면에 대해 ------------ 수직력 = Q·cos α + P·sin α

수평력 = P·cos α - Q·sin α

위의 수직력으로 빗면에 평행한 마찰력이 작용하고 이것이 평행력과 균형을 유지한다 이때 마찰계수를 μ 라 하면

P·cos α - Q·sin α = μ(Q·cos α + P·sin α)이 되고

정리하면 ------- P(cos α - μ sin α) = Q(μ cos α + sin α)가 된다.

이때, 마찰각을 ρ 라 하면 --------- μ = tan ρ 이다

∴ 나사를 죄는 힘$(P) = Q \cdot \tan(\alpha+\rho)$이고

나사를 죄는데 필요한 토크$(T) = P \cdot r = Q \cdot r \tan(\alpha+\rho)$이다.
            r = 나사의 유효지름

나사를 풀 때는 회전이 반대로 되어 Q를 밀어내려 마찰각이 반대가 된다.

나사를 푸는 힘$(P') = Q \cdot \tan(\alpha-\rho)$이고

나사를 푸는데 필요한 토크$(T') = Q \cdot r \tan(\alpha - \rho)$이 된다.

② 삼각 나사의 경우

삼각나사의 경우는 나사산각을 2β라고 하면 나사면에 대한 수직력 = $\dfrac{Q}{\cos\beta}$이고

마찰력 = $\mu' \dfrac{Q}{\cos\beta} = \mu' Q$ 이다

여기서 $\dfrac{\mu}{\cos\beta} = \mu'$라 하고, μ대신 μ'을, ρ대신에 ρ'을 사용하면 삼각나사의 식이 성립한다.

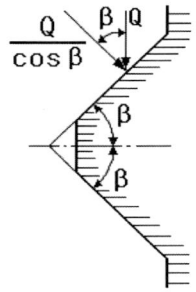

[그림 1-5-29] 삼각 나사의 수직력

∴ 나사를 죄는 힘$(P) = Q \cdot \tan(\alpha + \rho')$이고

　나사를 죄는데 필요한 토크$(T) = P \cdot r = Q \cdot r \tan(\alpha + \rho')$

　　　　　　　　　　　　　　　　　　　r = 나사의 유효지름

　나사를 푸는 힘$(P') = Q \cdot \tan(\alpha - \rho')$이고

　나사를 푸는데 필요한 토크$(T') = Q \cdot r \tan(\alpha - \rho')$이 된다.

체결용으로는 4각 나사보다 3각 나사가 훨씬 유리하다. 체결용 나사의 경우는 나사가 풀어지지 않는 것이 필수 조건이다. 죄는 힘을 가하지 않아도 나사가 풀어지지 않는 상태를 나사의 자립 잠김(self locking)이라 한다.

(라) 나사의 효율(效率)

나사면에 마찰이 전혀 없다고 가정하면 회전상태는 가장 이상적인 상태가 되고 이때의 회전력 $(P_0) = Q \cdot \tan\alpha = Q\dfrac{P}{\pi d_2}$이다.

즉, $\pi d_2 \cdot P_0 = Q \cdot P$가 된다.

나사의 효율이란 Q의 하중을 p만큼 올리기 위하여 한 일 $Q \cdot P$와 나사를 회전시키기 위한 힘 P가 한 일 $2\pi rp$ 와의 비를 말한다.

즉, 외부에서 가해진 일량 중에서 몇 %가 유효한 일로 소비되었는가를 말한다.

① 4각 나사의 효율

$$\text{나사의 효율}(\eta) = \frac{QP}{2\pi rP} = \frac{\pi d_2 P_0}{2\pi rP} = \frac{\pi d_2 P_0}{\pi d_2 P} = \frac{P_0}{P}$$

$$= \frac{Q(\tan\alpha)}{Q\tan(\alpha+\rho)}$$

$$= \frac{(\tan\alpha)}{\tan(\alpha+\rho)} \text{이다.}$$

② 3각 나사의 효율

$$\text{나사의 효율}(\eta') = \frac{(\tan\alpha)}{\tan(\alpha+\rho')} \text{이 된다.}$$

나사의 효율은 리드각 α의 함수이며, $\alpha=0$과 $\alpha=\dfrac{\pi}{2}-\rho$일 때 $\eta=0(zero)$가 된다.

따라서, 효율이 최대가 되는 리드각 $\alpha=(0$과 $\dfrac{\pi}{2}-\rho)$의 중간에 존재한다.

즉, 효율이 최대가 되는 리드각 $\alpha=\dfrac{\pi}{4}-\dfrac{\rho}{2}=45°-\dfrac{\rho}{2}$이다

$$\text{나사의 최대효율}(\eta_{\max}) = \frac{\tan(45°-\dfrac{\rho}{2})}{\tan(45°+\dfrac{\rho}{2})}$$

$$= \tan^2(45°-\dfrac{\rho}{2}) \text{가 된다.}$$

나사가 자립 잠김((self locking)의 조건을 만족하는 한계는 $\alpha=\rho$일 때 이므로 이를 효율식에 대입하면 $\eta 1 = \dfrac{\tan\alpha}{\tan 2\alpha} = \dfrac{1}{2} - \dfrac{1}{2}\tan^2\alpha < 0.5$가 되므로 나사가 자립조건을 만족시켰을 경우 효율은 반드시 50% 보다 작아야 한다.

치공구 관리

장비 및 도구, 소요재료

1 도구
　1. A4 용지, 계산기, 필기도구 등

안전유의사항

1 유의사항
　1. 치공구의 사용에 있어 생산제품의 모양, 대칭성, 가공방향 등을 고려하여 정확하게 장착될 수 있도록 설계한다.
　2. 공작물관리, 중심선관리, 치수관리, 기계적관리 등 제품의 정밀도에 영향을 주는 요인들을 고려하여 설계하여야 한다.
　3. 치공구의 클램핑력을 계산하여 안전한 고정이 될 수 있도록 한다.
　4. 장착과 장탈이 원활할 수 있는 클램프를 설정하여야 한다.

관련 자료

1 관련자료
　1. 밀링 치공구제작 장비 메뉴얼
　2. 장비 별 생산단가 자료
　3. 치공구 관련 자료

단원명 1 밀링 치공구제작 계획하기

1-6 밀링 치공구제작 공정도 작성

| 교육훈련 목표 | • 밀링 치공구 제작 시 부품도면과 부품공정규약 및 공정도를 치공구제작 계획에 반영할 수 있어야 한다. |

필요 지식 치공구 공정도 작성에 관한 지식

1 치공구 제조 공정의 분석

치공구 부품을 생산하기 위해서는 기계와 공구가 필요하다. 경제성과 기능성을 만족하는 치공구를 제작할 수 있는 기계나 공정을 잘 선택하는 것이 중요하다.

일반적으로 기계가공은 제조공정의 형식에 따라 분류하며 제조공정은 크게 다음과 같은 4부분으로 분류한다.

① 주조 및 모울딩(casting & molding)
② 절삭가공(cutting)
③ 성형(forming)
④ 조립(assembly)

주조는 녹은 금속을 모래나 금속 주형 등에 주입하여 제품을 만드는 공정이고, 모울딩은 액체 상태로 만든 다음 가압한 상태로 금속주형에 주입하는 공정이다.

절삭가공은 공구를 이용하여 칩이 발생하며 절삭하여 형상을 만드는 공정이며 성형은 칩이 발생하지 않으며 압착하거나 잡아당기는 등으로 형상을 만드는 공정이다.

조립은 위의 3가지 공정으로 만들어진 부품들을 결합시키기 위해 사용되는 공정이다.

각 제조공정을 살펴보면 다음과 같다.

1. 주조 및 모울딩

① 주물사에 의한 주조(sand casting)
② 쉘 주조(shell casting)
③ 다이캐스팅(die casting)
④ 모울드 주조(mold casting)
⑤ 압축 모울딩(compression molding)
⑥ 사출(injection molding)
⑦ 분말성형(powdered metal molding)

치공구 관리

2. 절삭가공

① 선삭(turning)
② 밀링(milling)
③ 연삭(grinding)
④ 드릴링(drilling)
⑤ 호닝(honing)
⑥ 브로우칭(broaching)
⑦ 절단(cutoff)

3. 성형

① 단조(forging)
② 압연(rolling)
③ 압출(extrusion)
④ 압인(coining)
⑤ 트리밍(trimming)
⑥ 드로잉(drawing)
⑦ 스웨이징(swaging)

4. 조립

① 용접(welding)
② 납땜(soldering)
③ 경납땜(brazing)
④ 접착(cementing)
⑤ 끼워 맞춤(fitting)
⑥ 볼트에 의한 조립(bolting)

위의 4가지 공정이외에 최종적으로 다듬질공정이 필요하게 되는데 외형에 변화를 주지 않으면서 품질을 좋게 하는 공정으로 5번째로 추가되어야 할 공정이다.

5. 다듬질

① 세척(cleaning)   ② 도장(painting)   ③ 도금(plating)   ④ 버핑(buffing)
⑤ 폴리싱(polishing)   ⑥ 디버링(deburring)   ⑦ 열처리(heat treatment)

거의 모든 부품들은 기본 5가지 공정 중에서 최소한 2개의 공정이상을 필요로 한다.

2 공차표

공차표란 전체의 제조공정에서 가공이나 조립의 치수를 도표로 나타내는 방법이다. 이렇게 공차표를 사용하면 부품가공에서 각 공정의 치수공차를 검사하거나 분배하는 자료가 된다.
공차표는 제조원가를 절감시키며 각각의 부품 치수를 관리하는데 유용하게 사용된다.

1. 공차표의 유용성

(1) 소재의 치수를 결정하는데 도움이 된다.
(2) 적합한 제조순서를 전개하는데 유용하다.
(3) 부품공차에 맞는 공구를 결정할 수 있다.
(4) 각 공정별로 가공여유를 정하는 근거가 된다.
(5) 공정순서에 따른 각 공정별로 가공공차를 결정하는 자료가 된다.
(6) 제조부품이 요구하는 치수에 적합한 작업인지를 알 수 있다.
(7) 기계의 정밀도와 제조부품의 공차가 적합한지 공차표로 알 수 있다.
(8) 복잡한 부품을 가공하는 경우 발생되는 치수상의 오차를 공차표로 감소시킬 수 있다.
(9) 공정도와 같이 사용하면 완벽한 공정 총괄을 작성하는데 도움이 된다.

2. 공차표의 정의와 기호

공차표는 작업이 진행되는 동안 서로의 의사전달을 위해 통용되는 기호를 정의하여 나타낸다. 문제가 복잡해지면 더 많은 기호와 정의가 필요하게 될 수도 있다.

(1) **가공치수** : 위치결정면과 가공면 사이의 거리를 말한다.

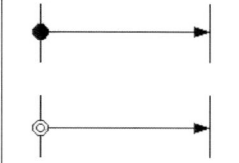

둥근점(●) : 위치결정면이나 중심선을 나타낸다.
화살표(→) : 가공할 표면 또는 표면의 중심을 나타낸다.
이중원(◎) : 공구가 다른공구와 정확한 위치로 세팅할 때, 복합공구의 사용할 때 나타낸다.

(2) **절삭량** : 가공전 치수와 가공치수와의 차이를 나타내며, 가공여유를 확인하기 위해 사용된다. 절삭량은 "S.R"로 표기한다.

(3) **결과치수** : 두 개 또는 한 개의 치수와 중간결과 치수와의 차이를 말한다. 여기에서 중간결과치수란 다음 작업으로 인해 치수의 변화가 있는 것을 말한다.

가공면간, 중심선간 또는 중심선과 가공면간의 결과치수를 나타낼 때 사용된다.

치공구 관리

(4) 총 공차 : 제조공정과정에서 나타나는 전체 절삭의 변화량을 말한다.
총 공차는 T.T.±로 표기한다.

3. 시험적 공정순서의 결정

제조부품이 도면대로 가공될 수 있는지의 여부가 확실하게 결정되지 않기 때문에 공차표를 전개하기에 앞서 시험적 공정순서를 작성하여야 한다.

공정순서는 작업순서를 나열하는데 있다. 공정번호와 수행될 작업이 기록된다.

공정순서에서 공정번호를 10, 20, 30 의 순으로 정하는 것은 만약 공정순서상에 새로운 공정이 삽입되는 경우를 위해 비워두는 것이다. 예를 들어 10번과 20번 사이에 공정이 추가되면 11번으로 추가할 수 있다.

<표 1-6-1> 시험적 공정순서

공정번호	기 계 명	작 업 내 용
01	재료 검사대	자재수령검사
10	선 반	외경장착, 단면가공, 드릴링
20	선 반	외경가공, 단면절삭 및 디버링
30	선 반	반대방향 가공 및 단차가공, 디버링
40	밀 링	홈(슬롯) 가공
50	열처리로	침탄, 경화처리
60	평면 연삭기	홈(슬롯)면 쪽 연삭
70	외경연삭기	외경연삭
80	내경연삭기	내경연삭
90	평면 연삭기	홈(슬롯)면 반대쪽 연삭
100	제품 검사대	완성품 검사

4. 공차표 작성

공차표는 가능하면 한 장으로 만드는 것이 좋다. 도표가 연속되다보면 오류가 생기거나 이해하기 어렵게 되기 때문이다. 개략적인 공차표는 다음 그림과 같이 나타내었다.

공정이 이루어지는 각 표면에서의 연장선은 수직으로 그린다. 또한 각 표면에 문자를 써서 다른 면과의 관계를 이해하기 쉽도록 한다.

공차표와 같이 가공면의 표기와 공정에 필요한 기계장비를 명기하고 각공정이 수행된다.

여기에서는 공차표에 영향을 미치는 작업만을 나타내고 있다. 중심선에서부터 직각면 만을 나타내고 있다. 직경방향의 공차는 공정전개상에 큰 문제가 되지 않으므로 공차표를 이용할 필요가 없다.

또한 세척(cleaning), 디버링(deburring) 등과 같은 공차에 영향을 끼치지 않는 작업은 공차표에 포함 시키지 않는다.

공차표 작성의 최종단계는 위치결정면과 공정이 이루어질 면의 표기이다. 이것은 공차표상에 가공치수선을 나타내는 방법으로 표기된다.

(1) 공차표 작성(예)

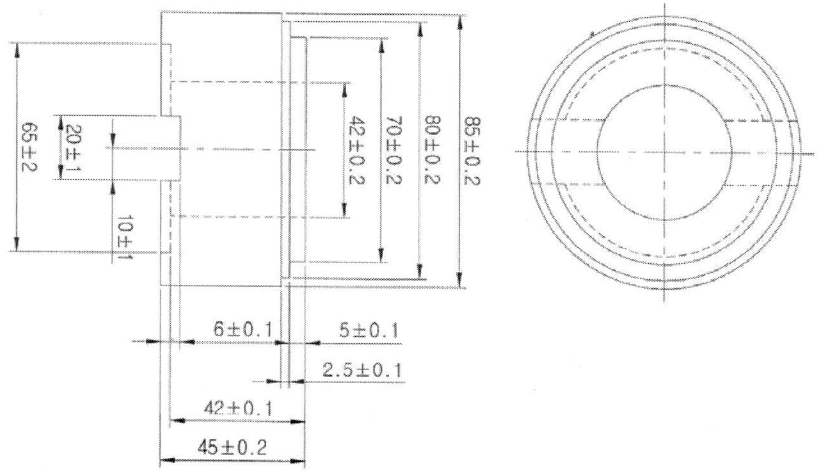

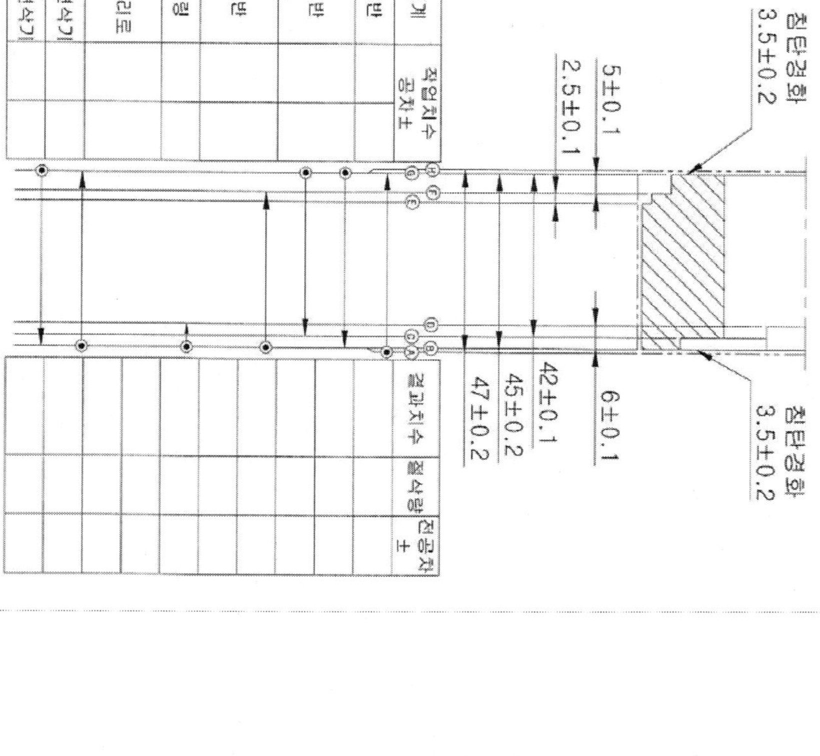

공정번호	공정면	기계	작업치수 공차±	결과치수	절삭량	전공차±
10	표면 G	선반				
20	표면 B 표면 C	선반				
30	표면 F 표면 E	선반				
40	표면 D	밀링				
50	표면 G 표면 B	열처리로				
60	표면 G	평면연삭기				
70	표면 B	원통연삭기				

치공구 관리

장비 및 도구, 소요재료

1 도구
  1. A4 용지, 계산기, 필기도구 등

안전유의사항

1 유의사항
  1. 밀링 치공구의 제작 공정도를 세밀하게 작성하여 중복된 공정이나 또는 공정누락이 생기지 않도록 하여야 한다.
  2. 공정작성을 통하여 자체제작과 외주제작에 대한 계획에 반영하여야 한다.
  3. 사내 제작의 경우 생산기계의 여건을 고려하여 공정투입시기를 결정한다.

관련 자료

1 관련자료
  1. 밀링 치공구제작 장비 메뉴얼
  2. 장비 별 생산단가 자료
  3. 치공구 관련 자료
  4. 공정설계 및 공정도 작성에 관한 자료

단원명 1 밀링 치공구제작 계획하기

단원명 1 교수방법 및 학습활동

교수 방법

① 강의법 및 시연

　밀링 치공구 제작 계획하기에서 치공구의 개요와 기능, 치공구제작 필요성 검토, 치공구의 경제성 검토, 치공구 제작비용 계산 등에 대해 설명하고 각각의 예를 들어 학습자에게 시연한다.

　또한 치공구(지그와 고정구)의 종류와 특성을 파악하고 필요시 제품생산에 적합한 치공구의 제작을 결정할 수 있도록 학습하고 치공구제작 시 외주생산에 의해 제작할 경우 외주 생산의 뢰서를 회사의 양식에 맞게 작성할 수 있으며, 치공구 제작에 사용되는 재료의 종류와 특성에 대한 지식을 습득하여 치공구 제작에 필요한 재료를 선정할 수 있도록 학습한다.

　아울러 필요한 경우 치공구 재료를 열처리하여 원하는 조건의 재료로 제작하여 사용할 수 있으며 치공구제작에서 치수불량이나 변형등 을 방지할 수 있는 치공구 관리에 대한 여러 가지 조건등을 학습하여 치공구제작에 활용할 수 있도록 한다.

　끝으로 치공구제작에 대한 제조공정을 분석하고 공정도를 작성하여 치공구제작에 활용할 수 있도록 지도하고 공정도 작성 시연을 통하여 학습자가 이해할 수 있도록 한다.

② 문제해결 및 개별지도 교수법

　교사가 설명과 시연을 통하여 학습자가 이해할 수 있도록 하며 팀을 구성하여 개별적으로 실습 및 시연을 한 후 각 팀별로 문제를 해결하도록 하며, 이 때 오류가 발생하는 부분은 교사가 교정하여 이해할 수 있도록 지도한다.

학습 활동

① 조별 실습 발표

　교사가 설명과 시연을 통하여 이해시키고 학습자별 팀을 구성하여 개별적으로 실습 및 시연을 한 후 나타난 결과 등을 조별로 토의 발표한다.

② 교사가 오류 부분을 교정, 시연하여 학습자가 이해할 수 있도록 한다.

치공구 관리

단원명 1 평가

평가 시점

① 중간 평가
1. 밀링 치공구 제작의 필요성에 대한 질의응답을 통하여 점수에 반영한다.
2. 치공구제작의 경제성 검토를 위한 치공구제작비용, 지그의 손익분기점 그리고 치공구제작에 따른 자본회수 년 수 등의 계산문제를 통하여 점수에 반영한다.
3. 치공구의 종류와 특성에 대한 질의응답을 통하여 점수에 반영한다.

② 기말 평가
1. 치공구 재료의 선정과 표준품의 종류별 특성에 대한 질의응답을 통하여 점수에 반영한다.
2. 치공구 재료의 열처리 종류와 방법, 특수열처리의 종류와 방법에 대한 질의응답을 통하여 점수에 반영한다.
3. 치공구제작 시 치수불량이나 변형, 잘못된 장착 등을 방지하기 위한 치공구 관리의 목적과 관리요소 등의 질의응답과 클램핑력의 계산 등을 통하여 점수에 반영한다.

평가 준거

평가자는 피평가자가 수행 준거 및 평가 내용에 제시되어 있는 내용을 성공적으로 수행할 수 있는지를 평가해야 한다. 평가자는 다음 사항을 평가해야 한다.

평가영역	평가항목	성취수준				
		우수하다	보통이다	미흡하다	알고있다	잘알고있다
밀링 치공구 제작 계획하기	밀링 치공구의 필요성을 검토할 수 있다.					
	밀링 치공구제작을 계획할 수 있다.					
	밀링 치공구의 제작을 결정할 수 있다.					
	치공구 재료의 종류와 특성을 알 수 있다.					
	치공구 관리의 목적과 요소를 설명할 수 있다.					
	밀링 치공구제작 공정도를 작성할 수 있다.					

단원명 1 밀링 치공구제작 계획하기

평가 방법

평가영역	평가항목	평가방법
밀링 치공구 제작 계획하기	밀링 치공구의 필요성을 검토하기	1. 작업장 평가 2. 평가자 체크리스트 3. 피 평가자 체크 리스트
	지그와 고정구의 종류와 특성	
	치공구제작 발주서 작성하기	
	치공구 재료의 종류와 특성	
	치공구 관리의 목적과 요소	
	밀링 치공구제작 공정도 작성하기	

평가 문제

1. 밀링 치공구제작 필요성 검토
   (1) 치공구란 무엇인가 ?
   (2) 치공구 설계 및 제작목적은 무엇인가 ?
   (3) 치공구 제작비용을 계산하시오 ?
   (4) 치공구 제작에 따른 손익분기점을 계산하시오 ?
   (5) 치공구 제작에 따른 자본회수 년 수를 계산하시오 ?

2. 밀링 치공구제작 계획
   (1) 지그와 고정구의 종류을 설명하시오 ?
   (2) 모듈러 치공구란 무엇인지 설명하시오 ?

3. 밀링 치공구의 제작결정
   (1) 치공구의 표준화로 얻어지는 효과는 무엇인가 ?
   (2) 치공구에서 자동화가 필요한 부분을 설명하시오 ?
   (3) 외주생산의뢰 발주서를 작성하시오 ?

4. 치공구 재료
   (1) 밀링 치공구재료에 필요한 성질에는 어떠한 것이 있나 ?
   (2) 밀링 치공구제작에 사용되는 재료의 종류에는 어떠한 것이 있나 ?

치공구 관리

 (3) 치공구재료의 일반적인 열처리 방법에는 어떠한 것이 있는지 설명하시오 ?
 (4) 치공구재료의 특수 열처리 방법에는 어떠한 것이 있는지 설명하시오 ?

5. 밀링 치공구의 사용
 (1) 밀링 치공구에서 공작물관리의 목적은 무엇인가 ?
 (2) 공작물 변위에 영향을 주는 요인들은 무엇인가 ?
 (3) 밀링 치공구에서 공작물관리의 중요 요소를 설명하시오 ?
 (4) 공작물의 위치결정 방법의 종류를 설명하시오 ?
 (5) 네스팅, 플프로핑, 이젝터를 설명하시오 ?
 (6) 클램프의 종류를 설명하시오 ?
 (7) 스트랩 클램프의 클램핑력을 계산하시오 ?

6. 밀링 치공구제작 공정도 작성
 (1) 치공구 제조공정을 형식에 따라 4부분을 분류하시오 ?
 (2) 치공구의 4가지 공정 외에 추가되는 다듬질공정의 종류를 설명하시오 ?
 (3) 공차표를 작성하면 좋은 점을 설명하시오 ?
 (4) 부품도에 따른 공차표를 작성하시오 ?

피드백

1. 밀링 치공구 제작의 필요성 검토가 적절한지, 평가하고 미흡할 시 보충한다.
2. 지그와 고정구의 종류와 모듈러 치공구에 대하여 평가하고 미흡할 시 보충한다.
3. 외주 생산 발주의뢰서를 작성하고 미흡할 시 보충한다.
4. 밀링 치공구재료의 종류와 특징을 평가하고 미흡할 시 보충한다.
5. 밀링 치공구에서 공작물관리에 대하여 평가하고 미흡할 시 보충한다.
6. 네스팅, 플프로핑, 이젝터, 클램프에 대하여 평가하고 미흡할 시 보충한다.
7. 밀링 치공구제작의 제조공정에 대하여 평가하고 미흡할 시 보충한다.
8. 공차표에 대하여 평가하고 미흡할 시 보충한다.

단원명 2 밀링 치공구 설계 제작하기

단원명 2 밀링 치공구 설계 제작하기

2-1 치공구설계, 제작의 기본

| 교육훈련 목표 | • 사내에서 활용 가능한 공작기계와 회사업무의 절차에 따라 치공구의 생산 및 외주처리에 대한 문서를 작성할 수 있어야 한다. |

필요 지식 치공구설계 및 제작에 관한 지식

1 치공구 제작에 필요한 공작기계의 종류

1. 선반(Lathe)

선반은 주축의 끝단에 부착된 척(chuck)에 공작물을 물리고 회전시키며 공구대에 설치된 바이트(bite) 이송을 주어 공작물을 원통형으로 절삭하는 공작기계이다.

선반에서는 외경가공, 내경가공, 테이퍼가공, 나사가공, 모방가공, 총형가공, 곡면가공 등을 할 수 있다.

(1) 선반가공의 종류

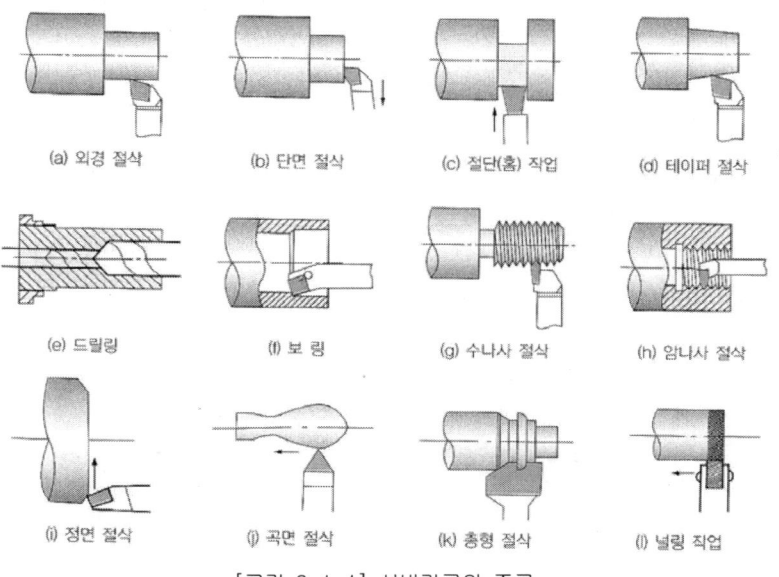

[그림 2-1-1] 선반가공의 종류

(2) 선반의 종류

- (가) 보통선반 : 선반 중에서 기본이 되고 가장 많이 사용하는 선반이다.
- (나) 탁상선반 : 탁상위에 설치할 만큼 소형선반으로 베드의 길이 900mm이하, 스윙 200mm이하로 시계부품 등의 소형 부품을 주로 가공하는 선반이다.
- (다) 정면선반 : 지름이 크고 길이가 짧은 가공물의 절삭에 적합한 선반이다. 보통 베드의 길이가 짧고 심압대가 없는 경우도 많다.
- (라) 수직선반 : 대형의 공작물이나 불규칙한 공작물을 가공하기 편리하도록 주축을 수직으로 설치한 선반이다.
- (마) 터릿선반 : 보통선반의 심압대 대신 터릿이라는 회전공구대를 설치하여 간단한 부품을 대량생산하는 선반이다.
- (바) 공구선반 : 보통선반보다 정밀한 구조로 되어있고 릴리빙장치와 테이퍼절삭장치, 모방절삭장치 등을 갖추고 주로 밀링커터, 탭, 드릴 등의 공구를 가공하는 선반이다.
- (사) 자동선반 : 캠(cam)이나 유압기구 등을 이용하여 자동화한 선반이다. 간단한 부품을 자동으로 가공할 수 있으며 CNC선반의 전 단계로 볼 수 있다.
- (아) 모방선반 : 자동모방장치를 이용하여 모형이나 형판의 외형과 동일한 형상으로 가공하는 선반이다.
- (자) 기타특수선반
  ① 차축선반 : 기차의 차축을 주로 가공하는 선반으로 주축대를 마주보게 세워놓은 구조
  ② 차륜선반 : 기차의 바퀴를 주로 가공하는 선반으로 주축대 2개를 마주보게 세워 놓은 구조이다.
  ③ 크랭크 축 선반 : 크랭크 축의 저널과 크랭크 핀을 가공하는 선반으로 베드 양쪽에 크랭크 핀을 편심 시켜 고정하는 주축대가 있는 구조이다.

2. 밀링머신(Milling machine)

밀링머신은 주축에 고정된 밀링커터를 회전시키고, 테이블에 고정된 공작물을 필요한 형상으로 가공하는 공작기계이다.

(1) 밀링가공의 종류

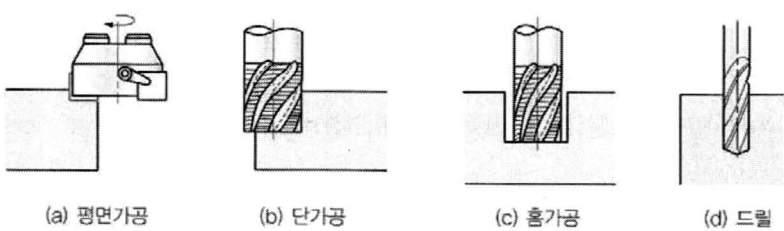

(a) 평면가공　　(b) 단가공　　(c) 홈가공　　(d) 드릴

단원명 2 밀링 치공구 설계 제작하기

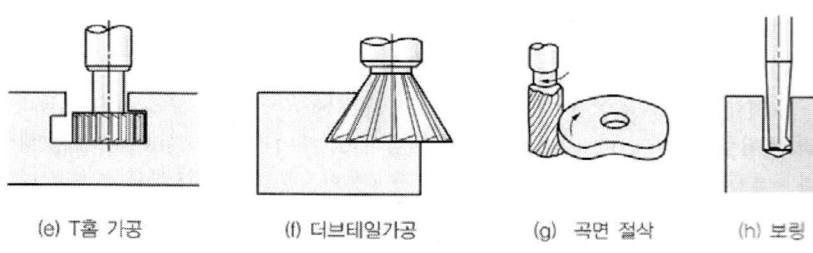

(e) T홈 가공　　(f) 더브테일가공　　(g) 곡면 절삭　　(h) 보링

[그림 2-1-2] 밀링가공의 종류

(2) 밀링머신의 종류

(가) 수평 밀링머신 : 주축을 기둥(column)의 위쪽에 수평으로 설치하고 주축에 아버를 고정하고 회전시켜 공작물을 가공하는 형태이다.

(나) 수직 밀링머신 : 수직 밀링머신은 주축이 테이블에 수직으로 되어 있으며, 주로 정면밀링커터와 엔드밀을 사용하여 평면가공, 홈 가공 등을 주로 한다.

(다) 만능 밀링머신 : 수평 밀링머신과 비슷하지만 새들 위에서 테이블이 선회하여 수평면내에서 일정한 각도로 변환시킬 수 있으며, 테이블을 상,하로 경사 시킬 수 있다.

(라) 생산형 밀링머신 : 대량생산을 위한 목적으로 보통밀링머신의 기능을 단순화 시킨 밀링머신이다. 예를 들면 상,하 이송 없이 좌,우 이송만 가능

(마) 플레이너형 밀링머신 : 대형이며 중량물을 가공하기 위한 것으로 플레이너와 비슷한 구조로 되어있는 밀링머신이다.

(바) 특수 밀링머신

① 공구밀링머신 : 지그(Jig), 게이지(gauge), 다이(Die) 등의 공구를 가공하는 소형밀링머신이다.

② 나사밀링머신 : 나사를 절삭하는 전용밀링머신이다.

③ 모방밀링머신 : 모방 장치에 의해 금형 등의 복잡한 형상을 가공하는 기계이다.

3. 연삭기(Grinding machine)

연삭기는 연삭숫돌(grinding wheel)을 고속 회전시켜 공작물을 평면이나 원통형으로 매우 소량씩 가공하는 정밀 가공기계이다.

(1) 연삭가공의 종류

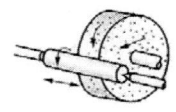 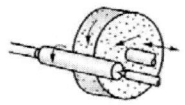  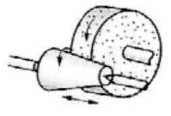

(a) 테이블 왕복형　　(b) 숫돌대 왕복형　　(c) 숫돌대 가로 이송형　　(d) 테이퍼 연삭

67

치공구 관리

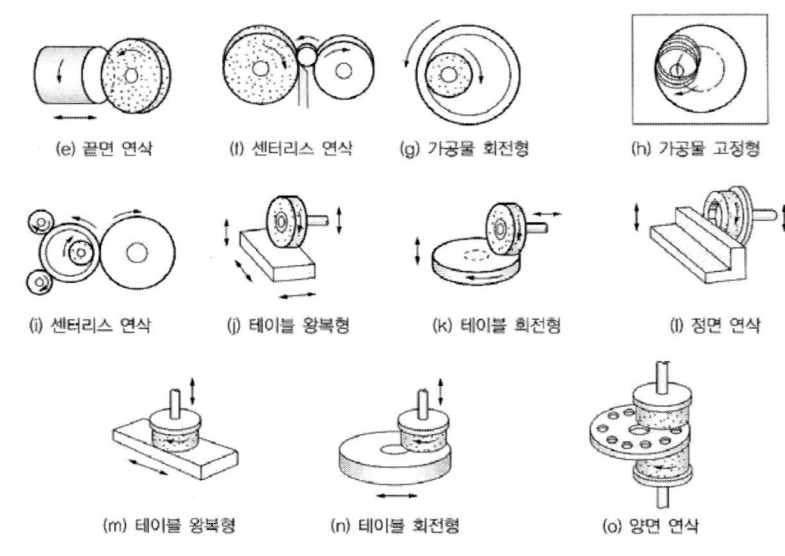

[그림 2-1-3] 연삭가공의 종류

(2) 연삭기의 종류
(가) 외경연삭기 : 원통의 바깥지름을 연삭하는 기계이다.
(나) 내면연삭기 : 원통의 내면(안지름)을 연삭하는 기계이다.
(다) 평면연삭기 : 주로 공작물의 평면을 연삭하는 기계이다.
(라) 센터리스 연삭기 : 센터를 지지하지 않고 조정숫돌과 지지대를 이용하여 공작물의 표면을 연삭하는 기계이다. 외경과 내경 모두 가능하다.
(마) 공구연삭기 : 바이트, 드릴, 엔드밀, 커터 등 각종 절삭공구를 연삭하는 기계를 통칭하여 공구연삭기라고 부른다.
(바) 특수연삭기
① 나사연삭기 : 정밀도를 요구하는 나사(정밀나사, 이송나사, 탭 등)를 연삭한다.
② 성형연삭기 : 금형 등 고정밀도의 성형연삭에 적합한 연삭기이다.
③ 캠 연삭기 : 주로 내연기관의 캠을 연삭하는 것으로 공작물의 윤곽을 자동으로 연삭하는 모방형식을 이용한다.
④ 기어연삭기 : 주로 기어를 연삭하는 기계로 성형법과 창성법에 의해 연삭한다.

4. 드릴링 머신(Drilling machine)

드릴머신의 주축에 드릴(drill)을 고정시킨 후 회전하여 공작물에 구멍을 뚫는 공작기계 이다.

(1) 드릴가공의 종류

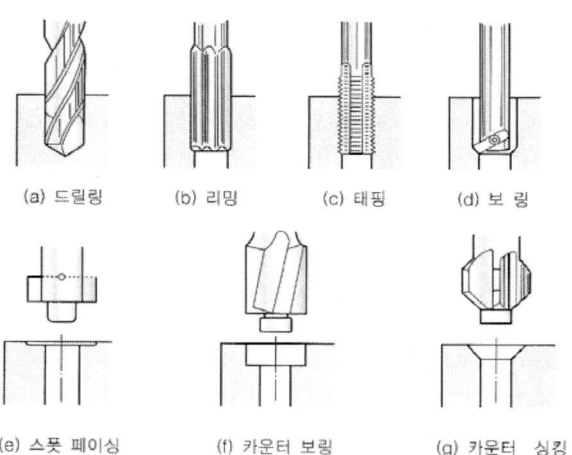

(a) 드릴링   (b) 리밍   (c) 태핑   (d) 보 링

(e) 스폿 페이싱   (f) 카운터 보링   (g) 카운터 싱킹

[그림 2-1-4] 드릴가공의 종류

(2) 드릴링 머신의 종류

(가) 탁상드릴링 머신 : 작업대 위에 설치하여 사용하는 소형의 기계로 ⌀13mm 이하의 작은 구멍 뚫기에 적합하다.

(나) 직립드릴링 머신 : 탁상드릴링 머신보다 큰 공작물의 구멍 뚫기에 사용된다. ⌀13mm이상의 드릴가공을 할 수 있다.

(다) 레이디얼 드릴링 머신 : 공작물이 대형이거나, 중량(重量)물일 때 공작물을 고정시키고 드릴이 가공위치로 이동할 수 있도록 제작된 드릴머신이다.

(라) 다축 드릴링 머신 : 1대의 드릴링 머신에 다수의 스핀들을 설치하여 여러개의 스핀들을 동시에 구동시켜 한 번에 여러 개의 구멍을 뚫을 수 있다.

(마) 다두 드릴링 머신 : 직립드릴링의 상부기구를 한 대의 드릴머신 베드위에 여러 개를 설치한 것으로 여러 가지 가공을 순차적으로 연속가공할 수 있는 드릴링 머신이다.

(바) 심공 드릴링 머신 : 총신(銃身)이나 커넥팅 로드 등과 같은 깊은 구멍을 가공하기에 적합한 드릴링 머신이다.

5. 보링 머신(Boring machine)

보링머신은 드릴이나 단조, 주조 등에 의해 이미 뚫어져 있는 구멍을 좀 더 크게 확대하면서 표면거칠기가 우수한 정밀도 높은 가공을 하는 공작기계이다.

보링머신에서는 보링, 드릴링, 밀링, 리밍, 태핑 및 선반처럼 외경가공도 가능하다.

(1) 보링가공의 종류

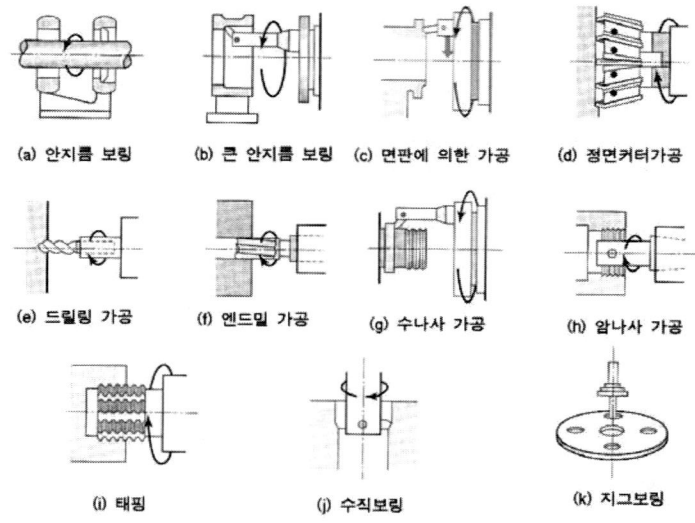

[그림 2-1-5] 보링가공의 종류

(2) 보링머신의 종류

(가) 보통 보링머신 : 수평식 보링머신을 의미한다. 구조에 따라 테이블형, 플로우형, 플레이너형으로 구분한다.

(나) 수직 보링머신 : 스핀들이 수직으로 되어있는 구조로 공구의 위치는 크로스레일(cross rail)의 공구대에 의해 위치결정 한다.

(다) 정밀 보링머신 : 정밀한 이송기구를 갖추고 있어 진원도와 진직도가 우수한 제품을 가공할 수 있다.

(라) 지그 보링머신 : 높은 정밀도를 요구하는 각종 지그나 정밀기계의 구멍가공에 적합한 보링머신이다.

(마) 코어 보링머신 : 가공할 구멍이 클 때 구멍 전체를 가공하지 않고 구멍의 외형을 가공하여 내부에 심재(心材)가 남도록 가공하는 보링머신이다.

6. 플레이너, 셰이퍼, 슬로터

플레이너(planer), 셰이퍼(shaper), 슬로터(slotter)는 주로 평삭이나 형삭을 하는 기계이다. 가공정밀도가 낮고 시간이 많이 소요되는 가공방식이므로 정밀한 가공은 어렵다.

(1) 플레이너와 셰이퍼

플레이너와 셰이퍼의 가공 종류는 같다. 플레이너와 셰이퍼의 차이점은 플레이너는 테이블이 수평 길이방향으로 왕복운동을 하며 중, 대형의 공작물 가공에 적합하고 셰이퍼는 구조가 간단하고 램이 왕복운동을 하며 소형 공작물 가공에 적합하다.

(가) 플레이너 셰이퍼 가공의 종류

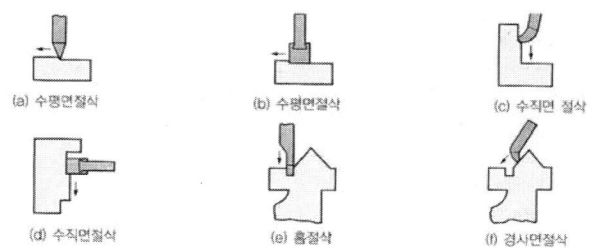

[그림 2-1-6] 플레이너 및 셰이퍼 가공의 종류

(나) 플레이너의 종류
① 쌍주식 플레이너 : 베드의 양쪽에 기둥(column)이 있는 형태로 강력절삭이 가능한 플레이너이다.
② 단주식 플레이너 : 베드의 한쪽에만 기둥이 있는 형태로 베드 폭보다 조금 더 큰 가공물을 절삭할 수 있다.
③ 피트 플레이너 : 테이블이 고정되고 절삭공구가 이송하면서 절삭하는 형태의 플레이너로 보통 플레이너보다 대형의 공작물을 절삭할 수 있다.

(다) 셰이퍼의 종류
① 수평식 보통형 셰이퍼 : 램은 전후로 왕복운동하고, 테이블은 좌우로 이송하며 절삭하는 형태이다.
② 트래버서 셰이퍼 : 테이블에 공작물을 고정하고 램이 전후 왕복운동과 좌우 이송운동을 하며 절삭하는 형태로 대형 공작물 가공에 적합하다.

(2) 슬로터(slotter)

슬로터는 직립형 셰이퍼라고도 부른다. 공구가 상,하 직선왕복운동을 하며 테이블은 전,후, 좌,우 직선운동과 회전운동을 하며 키 홈, 스플라인, 세레이션 등의 내경가공을 주로하는 공작기계이다.

(가) 슬로터 가공의 예

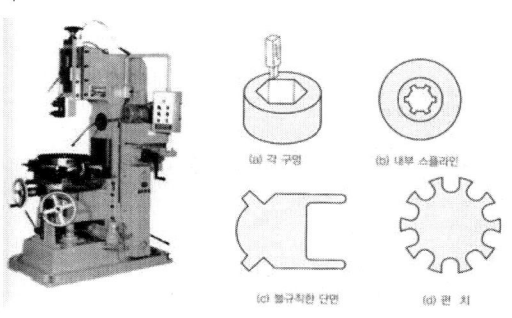

[그림 2-1-7] 슬로터 가공의 예

치공구 관리

7. CNC 공작기계

CNC공작기계는 CNC(Computerized Numerical Control)의 약자로 컴퓨터를 내장한 공작기계를 통틀어 CNC공작기계라고 부른다.

CNC공작기계는 사람의 손대신 펄스(Puls)신호로 서보모터를 제어하고 이송기구는 볼스크류에 의한 정밀한 이송으로 2D, 3D의 복잡한 형상을 정밀하면서 빠른 시간에 가공할 수 있는 공작기계이다.

CNC공작기계의 종류에는 CNC선반, 터닝센터, CNC밀링, 머시닝센터, CNC드릴링머신, CNC연삭기, CNC보링머신, CNC방전가공기, CNC와이어컷 방전가공기, CNC레이저컷 머신, CNC워터젯 컷 머신 등 거의 모든 공작기계에 CNC를 부착하여 정밀한 가공이 가능하다.

단원명 2 밀링 치공구 설계 제작하기

장비 및 도구, 소요재료

① 도구
  1. A4 용지, 계산기, 필기도구 등

안전유의사항

① 유의사항
  1. 밀링 치공구 제작에 필요한 공작기계들의 종류와 특성을 파악하여 치공구 제작에 맞는 공작기계를 선정한다.
  2. 공정작성을 통하여 자체제작과 외주제작에 대한 계획에 반영하여야 한다.
  3. 사내 제작의 경우 생산기계의 여건을 고려하여 공정투입시기를 결정한다.

관련 자료

① 관련자료
  1. 선반가공 메뉴얼
  2. 밀링가공 메뉴얼
  3. 연삭가공 메뉴얼
  4. 드릴가공 메뉴얼
  5. 보링가공 메뉴얼
  6. 플레이너, 셰이퍼, 슬로터 가공 메뉴얼
  7. CNC공작기계별 메뉴얼

치공구 관리

2-2 치공구 스케치하기

교육훈련 목 표	• 밀링가공에서 사용할 치공구의 설계 및 제작이 결정되면 필요한 치공구를 구상하여 생산제품에 맞는 치공구를 스케치할 수 있어야하고 스케치한 치공구를 검토하여 설계를 완성한다.

필요 지식 　치공구 스케치에 관한 지식

1 스케치 방법

스케치는 어떠한 부품을 제작하거나 파손된 기계부품을 교체하려고 할 때, 또는 현재의 부품을 개선된 부품으로 변형시키고자 할 때 자 또는 컴퍼스 등의 도구를 사용하지 않고 제도용지나 모눈종이 등에 프리핸드(free hand)로 그리는 것을 스케치(sketch)라고 하며, 스케치에 의해 작성된 그림을 스케치도(sketch drawing)라고 한다.

스케치도에는 제작도와 마찬가지로 치수정밀도, 재질, 가공방법 등이 표시되기 때문에 급하게 기계부품을 제작하거나 도면을 보존할 필요가 없을 때 스케치도를 제작도 대신 사용한다.

1. 스케치 방법

부품을 스케치 할 때는 부품의 모양에 따라 프리핸드법, 프린트법, 본뜨기법, 사진촬영법을 활용하여 스케치하고 필요에 따라 이들 방법을 병행하여 사용하기도 한다.

(1) 프리핸드법

가장 일반적인 스케치 방법으로 척도에 관계없이 적당한 크기로 부품을 스케치 한 후 치수를 기입하는 방법이다.

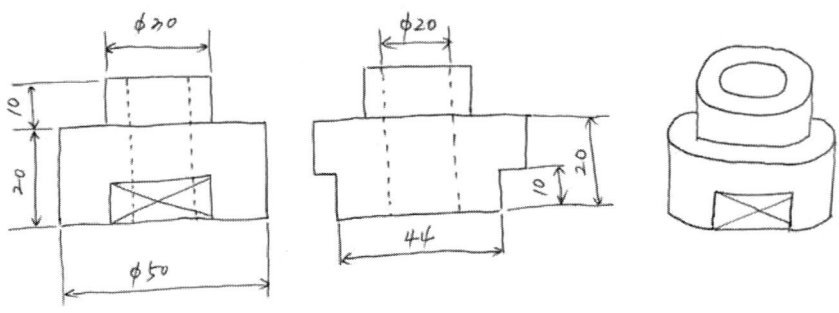

[그림 2-2-1] 프리핸드법

(2) 프린트법

 부품이 평면으로 가공되어 있으며, 윤곽이 복잡한 부품의 경우에는 부품의 면에 광명단을 바르고 스케치 용지에 찍어 실물의 형상을 얻는 직접적인 방법과 부품을 용지에 대고 연필 등으로 문질러 형상을 얻는 간접적인 방법이 있다.

 또한 모따기나 라운딩이 있는 부분은 실제 형상을 얻기 어려우므로 치수를 측정하여 나타내고 해당부분은 단면도로 표시한다.

[그림 2-2-2] 프린트법

(3) 본뜨기법

 불규칙한 곡선부분이 있는 부품의 경우에는 용지에 대고 직접 연필 등으로 본뜨는 직접 본뜨기와 납선이나 구리선 등으로 부품의 윤곽에 대고 구부린 다음 그 윤곽곡선을 용지에 대고 본뜨는 간접적인 방법이 있다.

 본뜨기가 끝나면 부품의 치수를 측정하여 치수나 문자 등 필요한 사항을 표시한다.

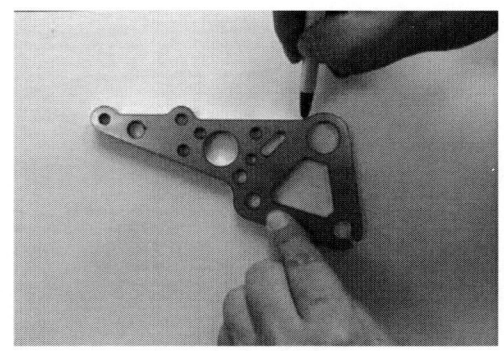 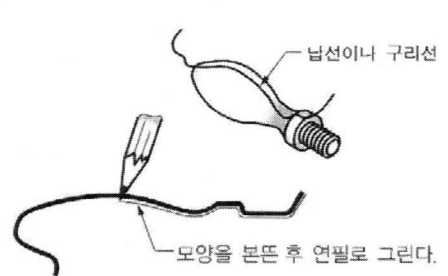

(a) 직접본뜨기   (b) 간접본뜨기

[그림 2-2-3] 본뜨기법

(4) 사진 촬영법

구조가 복잡한 기계의 조립상태나 부품의 형상을 알아보기 쉽게 하기 위하여 여러 방향에서 사진을 찍어두면 부품을 스케치하거나 조립할 때 유용한 자료로 활용할 수 있다.

사진 촬영을 할 때는 부품의 크기를 가늠할 수 있도록 자 또는 길이를 알 수 있는 물건과 같이 촬영하면 도움이 된다.

2 스케치 용구 및 치수측정 방법

1. 스케치 용구

스케치에 필요한 용구는 조립된 부품을 분해, 조립하기 위한 공구와 치수측정에 필요한 측정용구, 도형을 스케치 하기위한 스케치 용구 등이 필요하다. 이 때 부품의 형상, 크기 등을 고려하여 적당한 용구를 선택하여 사용한다.

스케치 용구의 종류는 다음과 같다.
(1) 연필 : 스케치를 위한 것
(2) 용지 : 스케치나 본을 뜨기 위한 것으로 방안지, 백지, 모조지 등이 있다.
(3) 광명단 : 본을 뜰 때 바르는 붉은 도료
(4) 자 : 치수를 측정하기 위한 것으로 눈금이 있는 것
(5) 버니어 캘리퍼스 : 지름이나 길이 측정용
(6) 직각자 : 직각도를 측정하기 위한 것
(7) 내, 외경퍼스 : 지름의 간접적인 측정용
(8) 깊이 게이지 : 구멍이나 홈 등의 깊이 측정용
(9) 마이크로미터 : 지름을 정밀하게 측정하기 위한 것으로 외측용과 내측용이 있다.
(10) 경도 시험편 : 경도를 측정하기 위한 것
(11) 표면거칠기 표준편 : 부품의 표면조도를 측정하기 위한 것

이밖에 기계를 분해하거나 조립하기 위한 스패너, 렌치, 드라이버, 망치 등과 면 걸래, 사포, 세척제 등 필요에 따라 준비하여 사용한다.

2. 치수의 측정

스케치를 하면서 필요한 치수를 측정하여 기록하여야 한다. 줄자, 강철자, 내·외경퍼스 등을 사용하고 정밀도가 필요한 부품의 측정은 버니어캘리퍼스, 마이크로미터 등과 같은 정밀측정용 측정기를 사용하여 정확히 측정한다.

(1) 길이 측정

  가공된 부품의 경우에는 가공된 면을 기준으로 측정하고 정밀도가 필요한 경우에는 버니어 캘리퍼스나 마이크로미터 등을 사용한다.

(2) 지름의 측정

  외경 및 내경의 측정은 줄자, 강철자, 내·외경퍼스, 마이크로미터 등을 사용한다.

(3) 중심거리 측정

  구멍이나 축의 중심거리를 측정하는 방법에는 직접측정과 간접측정이 있다.

(4) 깊이 측정

  구멍의 깊이나 단차가 있는 부분의 측정은 강철자, 깊이게이지 등을 사용하여 측정한다.

(5) 원호의 측정

  원호의 측정은 반지름 게이지(radius gauge)로 측정하거나 측정자를 이용하여 눈으로 개략적으로 측정한다. 큰 곡면은 곡면의 끝에 스케일을 대고 움직여 곡률반경을 구하여 측정한다.

(6) 측정이 어려운 부분의 측정

  측정이 어려운 부분을 측정할 때에는 내·외경퍼스 등을 사용하여 간접적으로 측정한다. 측정이 어려운 부분은 상황에 따라 다르게 나타나므로 그 때마다 측정이 가능한 방법을 찾아내어 측정한다.

(7) 주조품의 치수측정

  주조품의 치수는 일정하지 않으므로 여러 곳을 측정하여 평균값을 구한다.

(8) 나사 및 기어의 측정

  나사의 경우는 간략하게 그리고 치수는 미터나사는 10산에 대하여 길이를 측정하고 인치나사는 1″ 당 나사산수를 표시한다.
  기어의 경우는 간략하게 그리고 바깥지름을 기입한 후 스케치가 완료되면 기어의 크기나 피치원의 지름 등을 구한다.

(9) 규격품의 측정

  표준화된 규격부품(볼트, 너트, 나사, 핀, 리벳 등)의 경우에는 도형을 그리지 않고 부품표에 기입한다.

치공구 관리

3. 재질의 판정

스케치한 부품의 재질이 어떠한 재질이지 판단하기는 매우 어렵다. 그러나 일반적으로 기계부품에 사용하는 재료는 종류가 어느 정도 한정되어 있기 때문에 여러 가지 테스트를 통해 어느 정도 구별이 가능하다. 따라서 먼저 금속인지 비금속인지를 구별하고 부품의 사용목적이나 형상 등을 고려하여 자세하게 구별한다.

일반적으로 부품의 재질은 색이나 광택 등에 따라 어느정도 구별이 가능하고 부품에 어느 정도 홈집이 나도 무방할 때는 줄로 표면을 절삭하여 재질이나 열처리 정도를 판단할 수 있다.

(1) 모양에 따른 구별법

복잡한 모양의 몸체(body)나 뼈대(frame), 다리 등은 주물이나 주강이 많이 사용되며 축이나 크랭크 등은 일반적으로 연강, 경강 등을 많이 사용한다.

(2) 색이나 광택에 의한 구별법

(가) 주철과 주강 : 주철과 주강을 구별하는 방법에는 망치로 때려 둔탁한 소리가 나면 주철이고 맑은 소리가 나면 주강이다. 또한 주철은 표면이 거칠고 광택이 없으나 주강은 표면이 탄소강처럼 매끄럽다.

(나) 동, 청동, 황동 : 팥 빛이 많이 나는 것은 동이다. 청동은 주황색이지만 주석이 많이 섞이면 초록색으로 변한다. 황동은 청동보다 누런빛을 많이 띤다.

(다) 경합금과 백색합금 : 경합금은 은백색을 띠며 매우 가볍다. 백색합금은 주석 성분이 많아지면 회색이 짙어진다.

(3) 경도측정

경도의 측정은 쇼어 경도계(shore hardness tester)등으로 5곳 이상의 경도를 측정하여 평균값을 산출한다.

(4) 불꽃검사

그라인더를 이용하여 부품을 갈아서 불꽃의 모양이나 상태에 따라 탄소함유량이나 기타 성분의 함유량을 알아내는 방법이다.

3 밀링고정구 스케치하기

공정 제품도

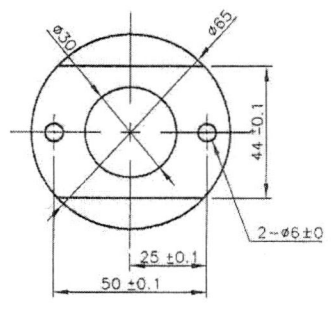

공정 제품도를 보고 위치결정 부위와 가공부위를 파악하고 어떠한 치공구를 설계할 것인지를 판단하여야 한다.
위 제품도의 경우라면 플레이트 형 고정구로 설계하는 것이 좋은 방법이라고 본다.

1. 베이스 스케치하기

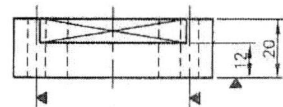

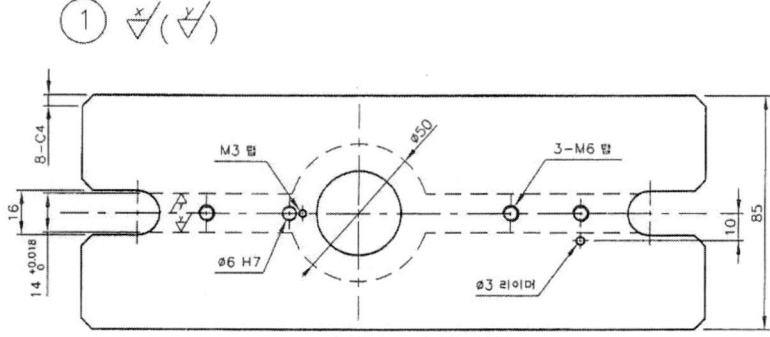

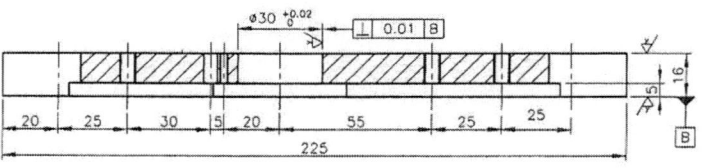

치공구 관리

베이스의 경우에는 밀링 테이블에 고정하여야 하고, 위치결정구와 클램프, 셋트 블록 등이 설계되어야 하므로 이러한 것들을 고려하여 넉넉한 크기로 설계한다.

2. 위치결정구 스케치하기

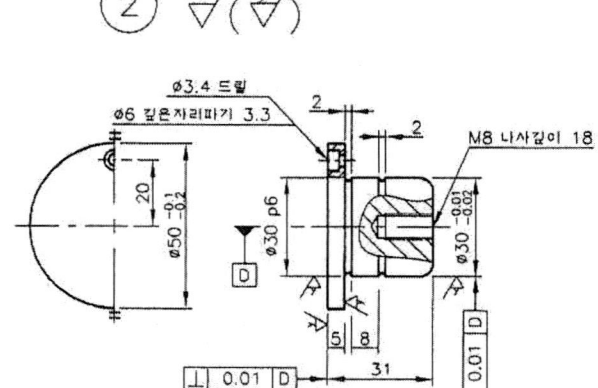

위치결정구는 제품의 장착이 편리하고 가장 정밀도를 유지하기 좋은 모양으로 설계하여야한다.

3. 공구세트 블록 설계하기

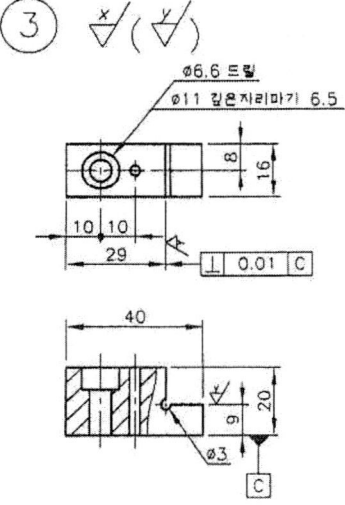

공구세트 블록은 제품가공 시 커터를 세팅하는 것으로 제품도의 치수를 고려하고 절삭가공 시 지장을 주지 않는 곳에 위치하도록 설계한다.

4. 텅 스케치하기

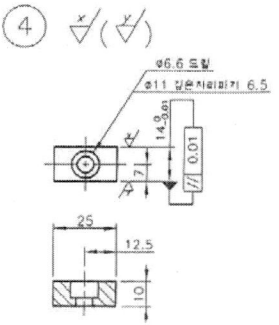

 텅은 베이스에 설치되고 밀링의 테이블 홈에 조립되어 밀링고정구의 흔들림을 방지하고 수평도를 유지하는 역할을 하는 것으로 밀링테이블의 홈 치수와 맞게 설계한다.

5. C-와셔 스케치하기

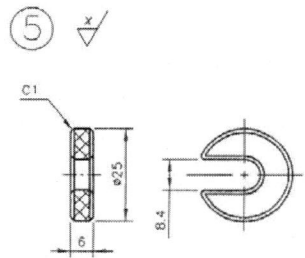

 C-와셔는 공작물을 장착하고 클램핑 할 때 빠르게 클램핑 할 수 있도록 하는 것으로 클램핑력을 감안하여 설계한다.
 c-와셔의 경우 규격품도 있으므로 용도에 맞는 것으로 구입하여 사용할 수 있다.

6. 필러게이지 스케치하기

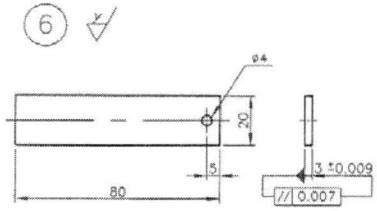

 필러게이지는 공구세트 블록에 공구를 접촉시킬 때 공구세트 블록의 정밀도를 유지하 기 위하여 공구세팅을 간접적으로 도와주는 것으로 일반적으로 3mm의 필러게이지가 많 이 사용된다.

7. 위치결정 핀

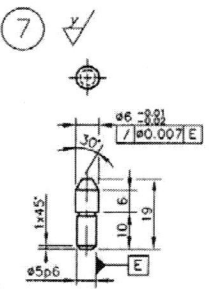

위치결정 핀은 공작물의 가공방향과 위치, 그리고 공작물을 위치결정 할 때 위치결정이 용이하도록 설계되어야 한다.

위치결정 핀의 경우 규격품도 있으므로 용도에 맞는 것으로 구입하여 사용할 수 있다.

8. 기타 규격품

기타 밀링치공구 설계 시 사용되는 규격품(볼트, 너트, 맞춤핀, 부시 등)의 경우에는 사용용도에 맞는 규격품을 선정하여 사용하고 별도의 스케치는 하지 않는다.

밀링고정구 완성 조립도

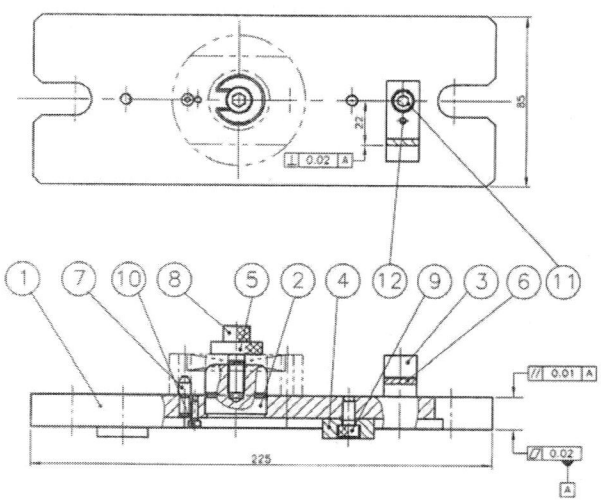

밀링치공구의 경우에는 정해진 치공구는 없다. 제품의 형상과 가공위치 가공방법 등 다양한 요소들에 따라 가장 적합한 형태의 치공구를 설계, 제작하는 것이 중요하다.

단원명 2 밀링 치공구 설계 제작하기

장비 및 도구, 소요재료

1 도구
 1. A4 용지 또는 방안지, 계산기, 필기도구, 측정기, 스케치 도구 등

안전유의사항

1 유의사항
 1. 스케치 방법을 익히고 부품에 특징에 맞는 스케치 방법을 선택한다.
 2. 측정이 어려운 부분은 상황에 맞는 측정방법을 찾아내어 여러 번 측정한다.
 3. 규격품은 스케치 하지 않고 부품표에 기록한다.

관련 자료

1 관련자료
 1. 스케치 방법
 2. 스케치 용구

치공구 관리

2-3 밀링 치공구의 개요

| 교육훈련 목 표 | • 공정제품도를 분석하고 치공구를 스케치하여 사용목적에 맞는 치공구를 제작할 수 있어야 한다. |

| 필요 지식 | 치공구 제작에 관한 지식 |

1 밀링 치공구의 제작

스케치하여 설계된 밀링치공구를 사용목적에 맞도록 제작한다.

1. 밀링 치공구 설계·제작하기

공정 부품도

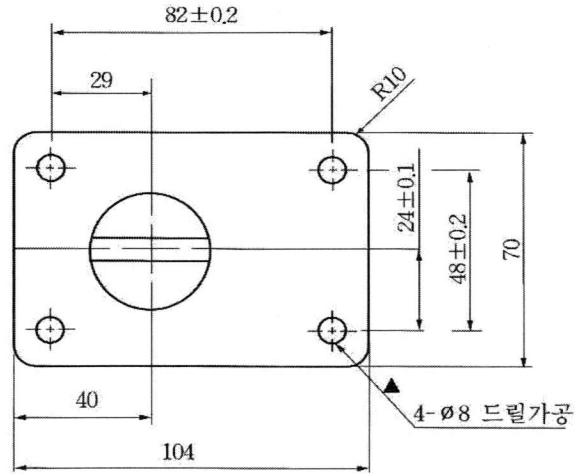

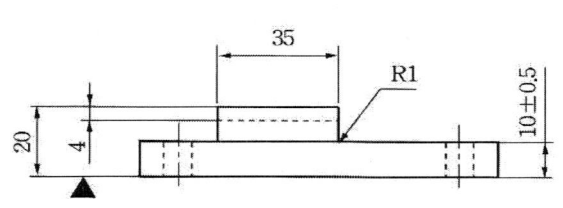

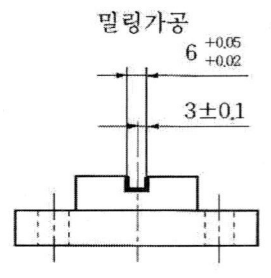

2. 부품도에 따른 밀링 치공구 설계도면

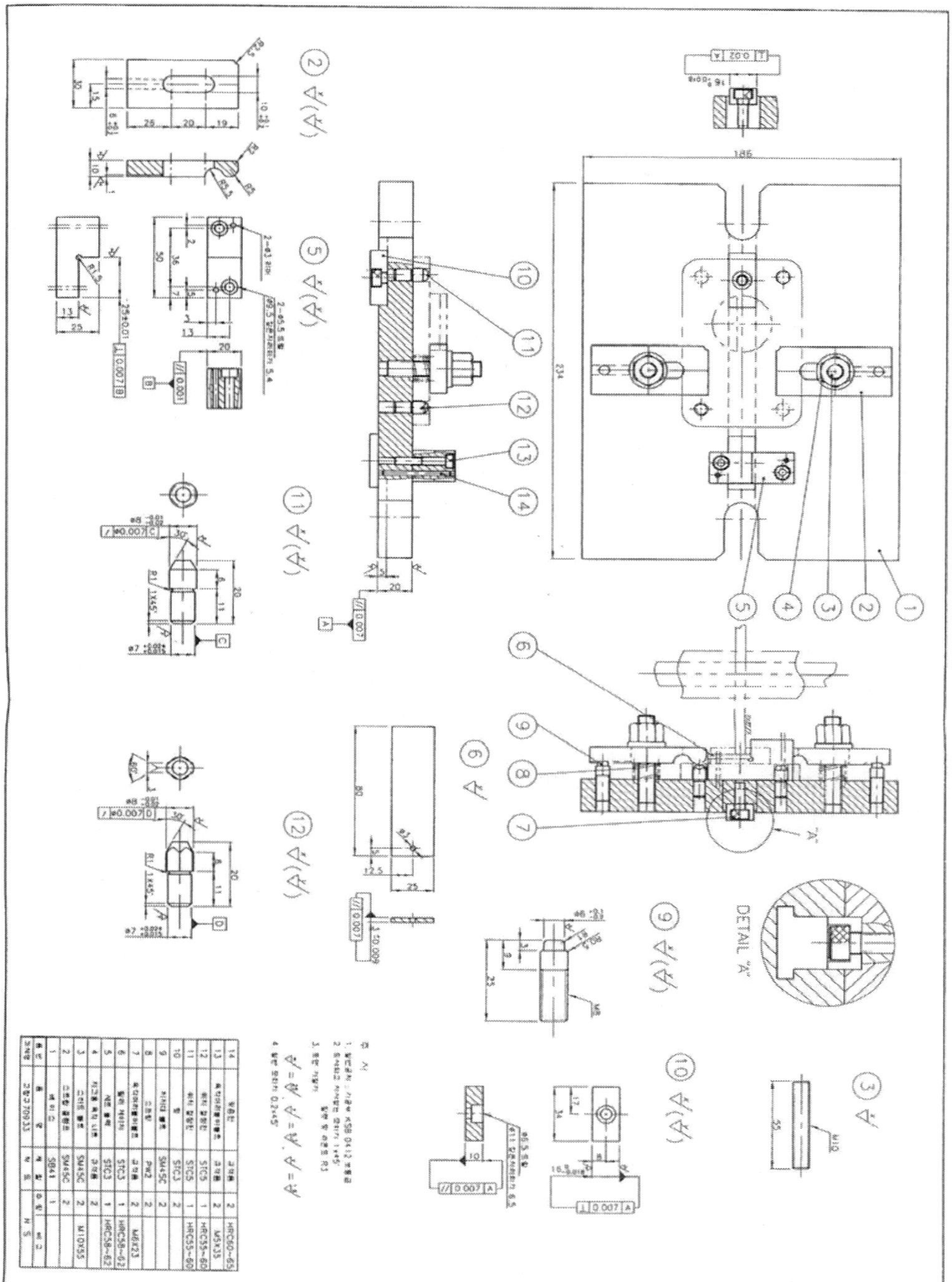

치공구 관리

3. 전체 조립 도면

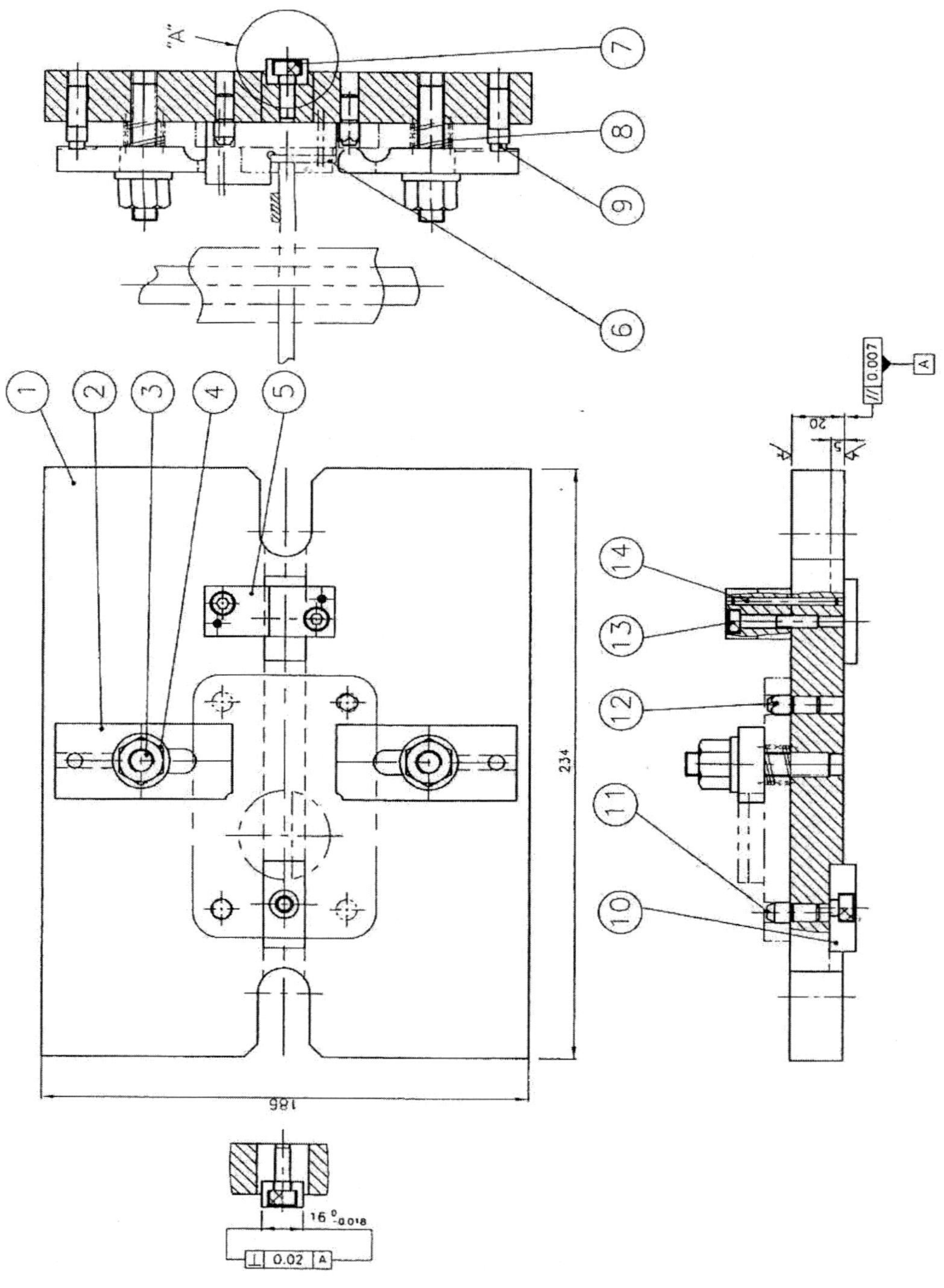

단원명 2 밀링 치공구 설계 제작하기

밀링 고정구 제작 도면

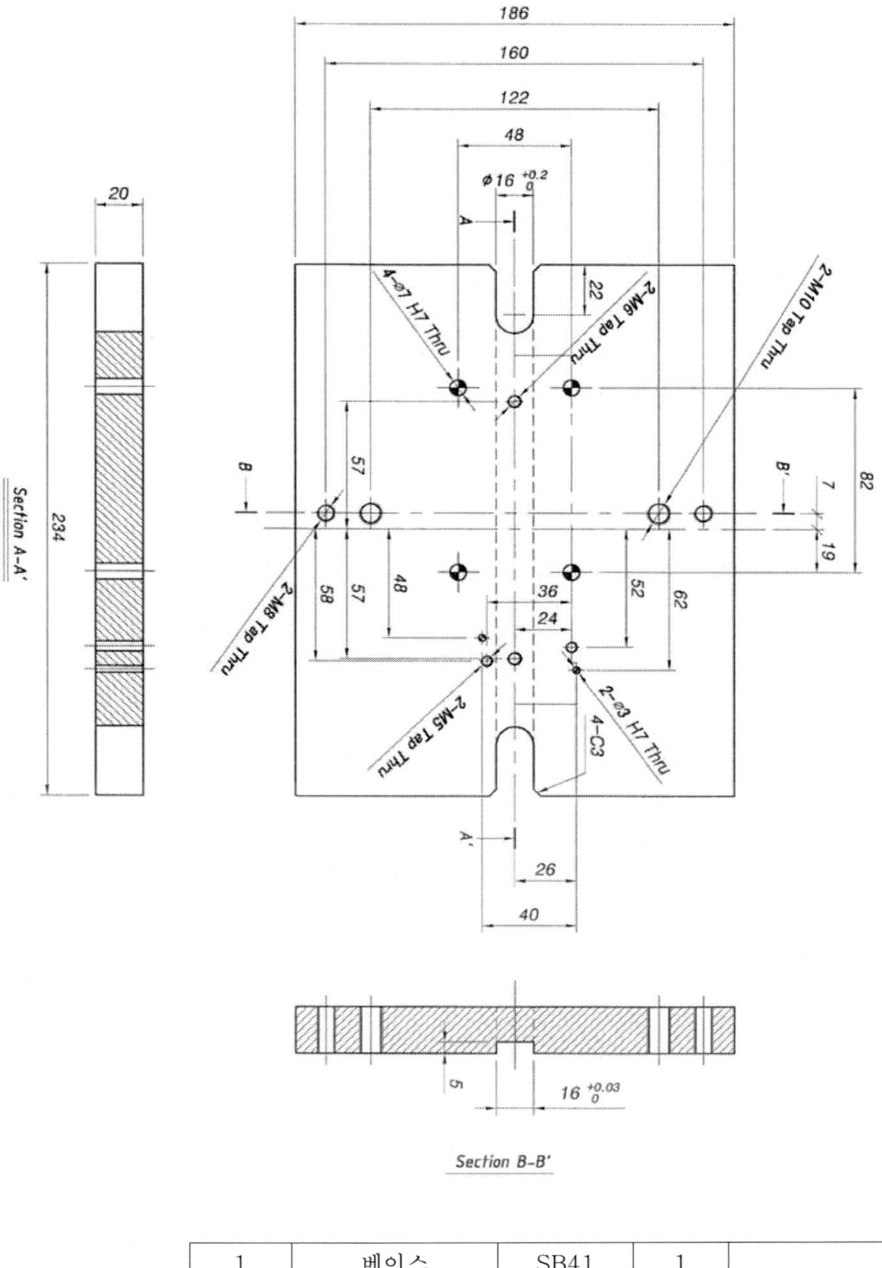

1	베이스	SB41	1	
품번	품명	재질	수량	비고

치공구 관리

밀링 고정구 제작 도면

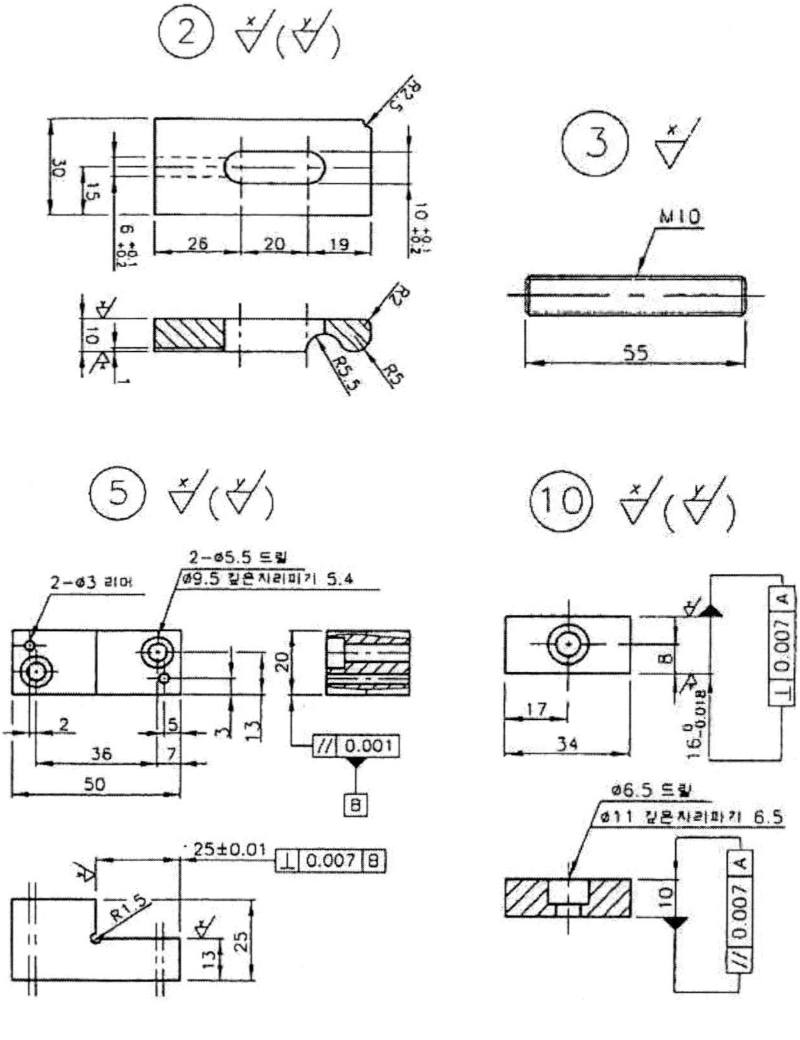

10	팅	STC3	2	
5	세트 블록	STC3	1	HRC58~62
3	스터드 볼트	SM45C	2	M10×55
2	스트랩 클램프	SM45C	2	
품번	품명	재질	수량	비고

밀링 고정구 제작 도면

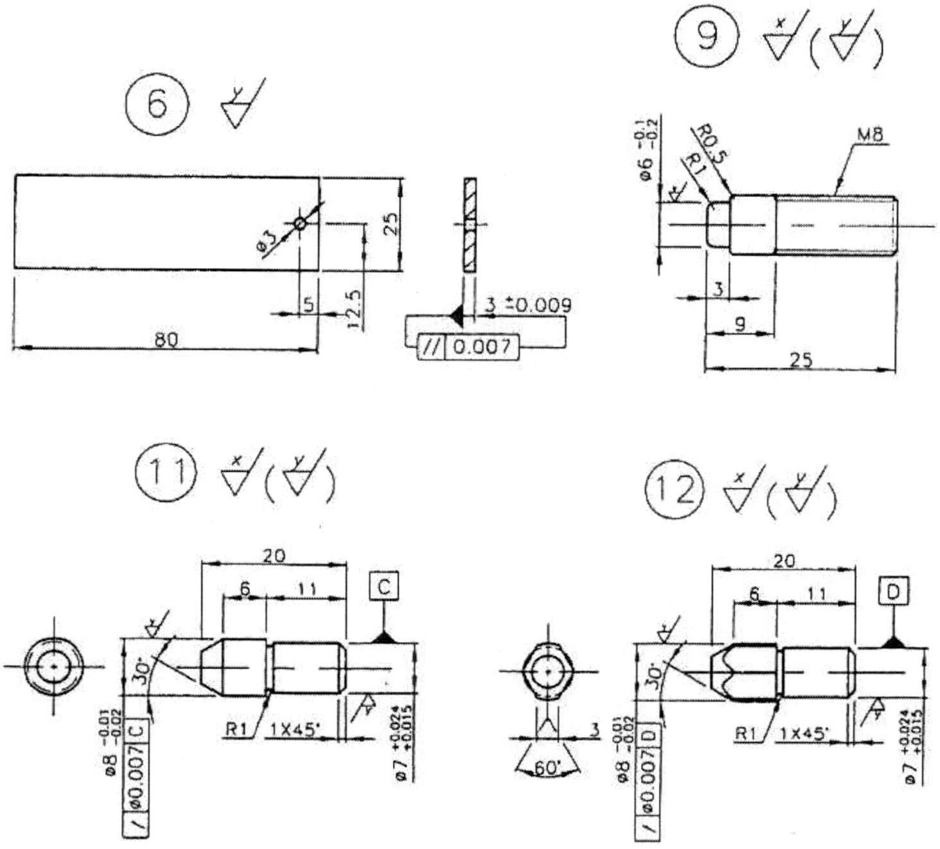

12	위치결정 핀	STC5	1	HRC58~62
11	위치결정 핀	STC5	1	HRC58~62
9	지지대 볼트	SM45C	2	
6	필러게이지	STC3	1	HRC58~62
품번	품명	재질	수량	비고

치공구 관리

장비 및 도구, 소요재료

1 도구
　1. A4 용지, 계산기, 필기도구 등

안전유의사항

1 안전
　1. 공작물의 설치 시 절삭공구의 회전을 정지시킨다.
　2. 기계가동 중에는 얼굴을 기계에 가까이 대지 않는다.
　3. 보안경을 착용한다.
　4. 기계가동 중에는 자리를 이탈하지 않는다.
2 유의사항
　1. 공작물의 가공위치를 정확히 파악하고 작업한다.

관련 자료

1 관련자료
　1. 밀링 치공구제작 장비 메뉴얼
　2. 밀링 고정구의 종류와 특징
　3. 치공구 관련 자료

단원명 2 밀링 치공구 설계 제작하기

2-4 밀링 치공구의 설계절차

교육훈련 목표
- 밀링가공을 위해 제작된 치공구가 완벽한 기능을 수행하기 위해 치공구 설계의 절차에 따라 생산제품에 맞는 치공구를 설계할 수 있어야 한다.

필요 지식 치공구 설계에 관한 지식

1 밀링 치공구의 설계

밀링 치공구의 설계를 위해서는 밀링머신에 대한 충분한 지식을 갖고 있어야 한다. 예를 들면 밀링머신의 종류, 밀링 테이블의 이동량, T홈의 규격, 이송속도의 범위, 사용공구 등 밀링머신에 대한 전반적인 지식이 필요하다.

밀링 치공구 설계 시 검토하여야 항목은 다음과 같다.
 (1) 밀링머신의 크기 및 생산능력
 (2) 공작물의 크기, 중량, 가공기준 등
 (3) 연삭여유 및 공작물 재질의 피절삭성 등
 (4) 생산제품의 표면거칠기, 평면도, 직각도 등의 정밀도
 (5) 사용할 공구의 종류
 (6) 가공방법(커터의 조합여부, 공정순서 등)

1. 공작물의 설치 방법

밀링 치공구에 공작물을 설치하는 방법은 아래 그림과 같다.
(1) 단독 설치는 밀링고정구에 공작물을 1개만 설치하는 것을 말하며, 고정구의 제작이 간단하고 공작물의 장착과 장탈 시간이 짧다.

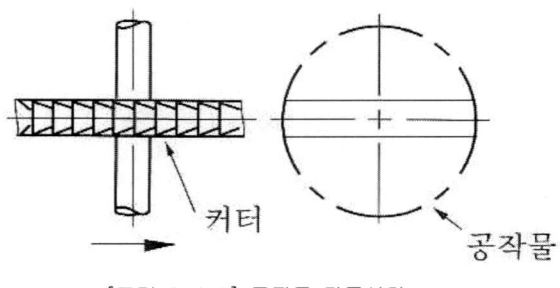

[그림 2-4-1] 공작물 단독설치

치공구 관리

(2) 직렬 설치는 테이블의 길이방향으로 2개 이상의 공작물을 1열에 일정간격으로 설치하는 방법으로 소형의 부품을 생산할 때 적합한 방법이다.

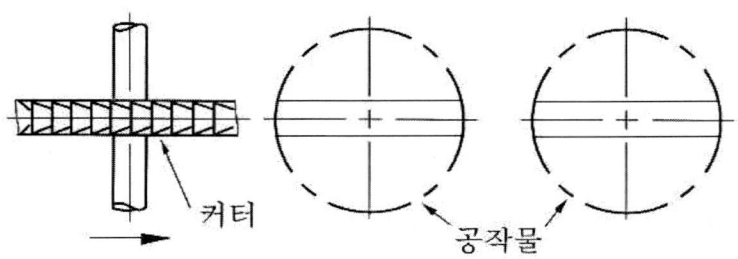

[그림 2-4-2] 공작물 직렬설치

(3) 교대 설치는 밀링고정구의 좌, 우에 설치하여 한쪽의 가공물을 절삭하는 도중에 다른 쪽의 공작물을 장착, 장탈 할 수 있어 가동률을 높일 수 있다.

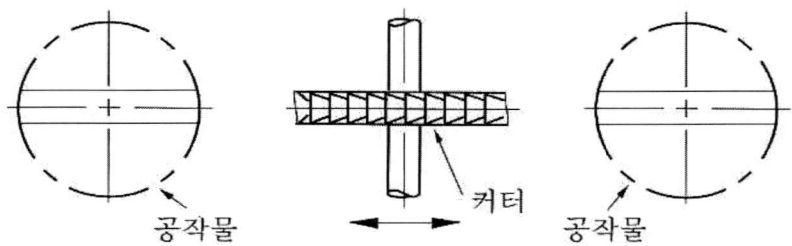

[그림 2-4-3] 공작물 교대설치

(4) 병렬 설치는 밀링고정구에 2열 이상의 공작물을 설치하는 방법으로 대량생산에 적합한 방식이다. 그러나 공구제작이 어렵고 공작물의 장착과 장탈에 많은 시간이 걸리는 단점이 있다.

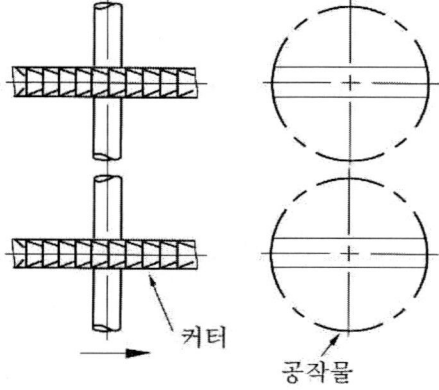

[그림 2-4-4] 공작물 병렬설치

2. 밀링 커터의 조합

 밀링 커터를 조합하여 한 번의 절삭으로 복잡한 형상의 가공을 할 수 있다. 하지만 이러한 경우에는 커터의 직경차로 인하여 커터마다 절삭속도가 달라 가공물의 정밀도에 영향을 미치므로 정밀도를 요하는 가공에는 적합하지 않다.

 또한 여러 개의 밀링커터를 조합하면 기계의 높은 출력과 강성 등을 필요로 하므로 기계에 무리가 가지 않도록 여러 번 나누어 절삭하는 것이 좋다.

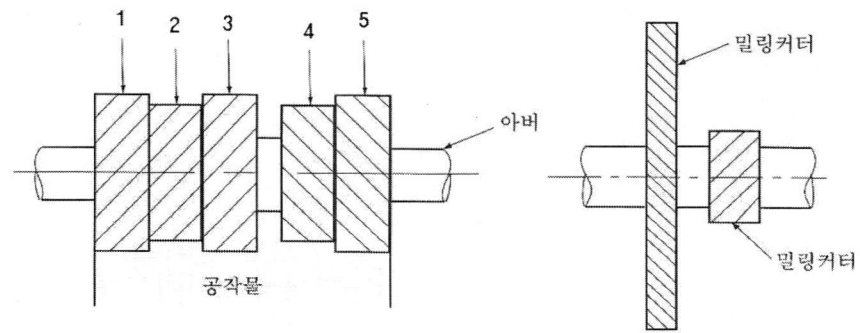

[그림 2-4-5] 밀링커터의 조합

 [그림 2-4-6]과 같이 커터를 조합하여 설치하는 경우에는 절삭가공 시 발생하는 추력(축방향 분력)이 고정구의 몸체에 작용하도록 하는 것이 좋다. 추력이 클램프 방향으로 작용하면 클램핑력을 감소시켜 공작물이 이탈할 수도 있다.

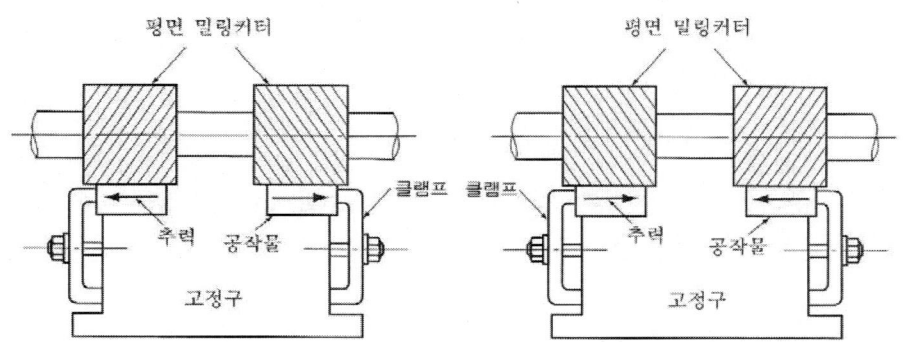

[그림 2-4-6] 커터의 회전에 따른 추력방향

3. 커터 세트 블록

 밀링고정구에 커터 세트블록을 설치하면 커터의 마모나 파손으로 인하여 공구를 교환하는 경우 빠르게 커터를 세팅하여 공작물의 치수에 맞는 가공을 할 수 있게 된다.

세트 블록을 설치할 경우에는 필러게이지의 치수허용차이다. 필러게이지의 두께는 일반적으로 휨이나 뒤틀림을 고려하여 1.5mm~3mm의 두께가 많이 사용되고 있다.

또한 커터 세트 블록은 마모를 고려하여 내마모성 재료를 사용하여 제작하며 고정구 본체에 절삭공구의 진행방향에 공작물과 거리를 두어 움직이지 않도록 다웰 핀에 의해 정확히 설치하고 세트 블록의 기준면에 필러게이지를 위치시켜 사용한다.

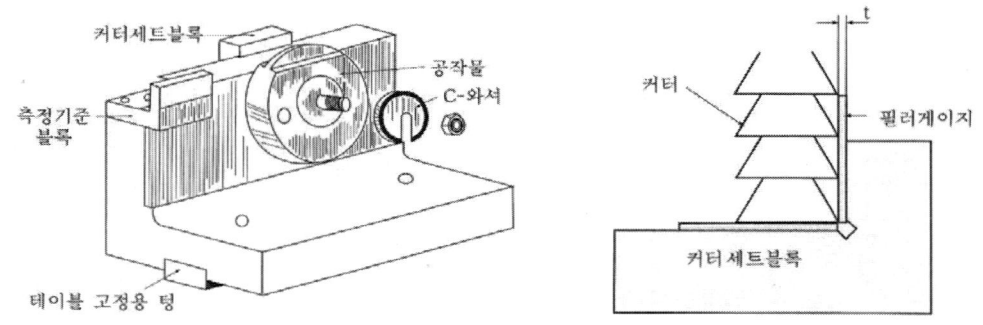

[그림 2-4-7] 커터세트블록과 필러게이지에 의한 세팅

4. 밀링 고정구의 설계 순서

(1) 가공물의 도면 해독과 고정구의 형태파악
가공물의 형상, 생산수량, 가공정밀도, 재질, 가공방법 등을 파악하고 고정구의 종류를 결정한다.

(2) 가공물의 위치결정
가공물의 가장 넓고 안정된 면을 위치결정면으로 하고 고정구의 위치결정면은 정밀도 유지를 위해 반드시 연삭한다.

(3) 클램프의 선정
클램핑 기구는 가공물을 안정되게 잡아주고 커터에 간섭받지 않으며 장착과 장탈을 고려하여 클램핑 방법을 선정한다.

(4) 기타 장치의 적용
커터 세트블록이나 공작물 측정 기준블록의 설치여부를 결정한다.

(5) 밀링고정구 본체 설계
밀링고정구의 본체는 가공물의 위치결정, 클램프 위치, 기타장치 등을 수용할 수 있도록 충분한 크기로 설계한다.

(6) 검토

밀링고정구의 설계가 완료되면 고정구와 커터의 간섭여부, 공작물 장착과 장탈 여부, 가공 시 떨림 여부, 클램프의 위치 등 최종검토를 하여야하며 문제가 발생되면 설계를 수정하여 고정구로서의 기능을 충실하게 할 수 있도록 한다.

장비 및 도구, 소요재료

1 도구
 1. A4 용지, 계산기, 필기도구 등

안전유의사항

1 유의사항
 1. 밀링 치공구의 설계 시 크기, 중량, 가공기준 등을 충분히 검토한다.
 2. 생산능률 향상을 위해 공작물의 설치 방법을 충분히 검토한다.
 3. 밀링고정구의 설계가 완성되면 간섭여부, 장착과 장탈 문제, 떨림 등 문제점을 최종 검토한다.

관련 자료

1 관련자료
 1. 밀링 치공구제작 장비 매뉴얼
 2. 밀링 고정구의 종류와 특징
 3. 치공구 관련 자료

치공구 관리

단원명 2 : 교수방법 및 학습활동

교수 방법

① 강의법 및 시연

　밀링 치공구 설계 제작하기에서 밀링치공구 생산장비의 종류와 가공방법을 설명하고 각각의 예를 들어 학습자에게 시연한다.

　또한 제품생산에 적합한 치공구를 스케치할 수 있도록 설명과 실습을 통하여 학습자가 치공구를 스케치 할 수 있도록 한다.

　치공구설계의 일반적인 사항을 설명하여 사용목적에 맞는 치공구를 설계 제작할 수 있도록 하며 제작된 치공구가 기능을 완벽하게 수행하는지를 검사할 수 있도록 학습한다.

② 문제해결 및 개별지도 교수법

　교사가 설명과 시연을 통하여 학습자가 이해할 수 있도록 하며 팀을 구성하여 개별적으로 실습 및 시연을 한 후 각 팀별로 문제를 해결하도록 하며, 이 때 오류가 발생하는 부분은 교사가 교정하여 이해할 수 있도록 지도한다.

학습 활동

① 조별 실습 발표

　교사가 설명과 시연을 통하여 이해시키고 학습자별 팀을 구성하여 개별적으로 실습 및 시연을 한 후 나타난 결과 등을 조별로 토의 발표한다.

② 교사가 오류 부분을 교정, 시연하여 학습자가 이해할 수 있도록 한다.

단원명 2 밀링 치공구 설계 제작하기

단원명 2 평가

평가 시점

① 중간 평가
1. 밀링 치공구 제작의 생산장비에 대한 질의응답을 통하여 점수에 반영한다.
2. 밀링 치공구의 스케치 방법에 대한 질의응답르 통하여 점수에 반영한다.
3. 밀링 치공구의 스케치 실습을 통하여 점수에 반영한다.

② 기말 평가
1. 밀링 치공구의 설계 실습을 통하여 점수에 반영한다.
2. 밀링 치공구의 제작 실습을 통하여 점수에 반영한다.

평가 준거

평가자는 피평가자가 수행 준거 및 평가 내용에 제시되어 있는 내용을 성공적으로 수행할 수 있는지를 평가해야 한다. 평가자는 다음 사항을 평가해야 한다.

평가영역	평가항목	성취수준					
		우수하다	보통이다	미흡하다	알고 있다	잘알고 있다
밀링 치공구 설계 제작하기	밀링 치공구 생산 장비의 종류를 알 수 있다.					
	밀링 치공구를 스케치 할 수 있다.					
	밀링 치공구를 제작할 수 있다.					
	제작된 치공구의 기능을 검사할 수 있다.					

치공구 관리

평가 방법

평가영역	평가항목	평가방법
밀링 치공구 설계 제작하기	밀링 치공구 제작에 필요한 공작기계의 종류	1. 작업장 평가 2. 평가자 체크리스트 3. 피 평가자 체크 리스트
	밀링 치공구 스케치 방법과 특징	
	스케치 용구 및 치수측정 방법	
	밀링 치공구 설계하기	
	밀링 치공구 제작하기	
	밀링 치공구설계 순서 및 공작물 설치방법	

평가 문제

1. 치공구설계, 제작의 기본
   (1) 밀링 치공구 생산 장비의 종류를 설명하시오 ?

2. 치공구 스케치하기
   (1) 밀링 치공구의 스케치 방법을 설명하시오 ?
   (2) 스케치 용구의 종류를 설명하시오 ?
   (3) 스케치할 부품의 치수측정방법을 설명하시오 ?
   (4) 생산제품에 맞는 치공구를 설계하시오 ?

3. 밀링 치공구의 개요
   (1) 스케치하여 설계된 밀링 치공구를 제작하시오 ?

4. 밀링 치공구의 설계절차
   (1) 밀링 치공구의 설계 시 검토할 항목을 설명하시오 ?
   (2) 밀링 치공구에 공작물을 설치하는 방법을 설명하시오 ?
   (3) 커터 세트블록의 역할과 설치 방법을 설명하시오 ?
   (4) 밀링 고정구의 설계순서를 설명하시오 ?

단원명 2 밀링 치공구 설계 제작하기

피드백

1. 밀링 치공구 제작에 필요한 공작기계의 종류와 특성을 평가하고 미흡할 시 보충한다.
2. 밀링 치공구의 스케치 방법을 평가하고 미흡할 시 보충한다.
3. 밀링 치공구의 스케치 용구를 평가하고 미흡할 시 보충한다.
4. 스케치할 부품의 치수측정방법을 평가하고 미흡할 시 보충한다.
5. 생산제품에 맞는 치공구를 설계하고 평가한 후 미흡할 시 보충한다.
6. 생산제품에 맞는 치공구를 제작하고 평가한 후 미흡할 시 보충한다.
7. 밀링 치공구의 설계 시 검토할 항목을 평가하고 미흡할 시 보충한다.
8. 커터 세트블록의 역할과 설치 방법을 평가하고 미흡할 시 보충한다.
9. 밀링 고정구의 설계순서를 평가하고 미흡할 시 보충한다.

치공구 관리

단원명 3 밀링 치공구 유지 관리하기

3-1 밀링 치공구의 유지관리

교육훈련 목표
- 밀링가공을 위해 제작된 치공구는 업무절차에 따라 규정된 장소에 보관하고 유지, 관리할 수 있어야.

필요 지식 치공구 설계에 관한 지식

1 치공구의 관리

치공구의 관리는 부품제조 시 필요한 시간과 조건에 맞는 치공구를 바로 사용할 수 있도록 함으로써 품질과 생산가격에 기여하는데 있다.

또한 치공구 관리의 수준은 회사규모, 생산방식, 기계의 종류 등에 따라 결정하고 생산조건의 변동에도 적절히 대응할 수 있어야 한다.

특히, 치공구의 관리는 회사의 관리자에 따라 수준이 결정되지만 확실한 목표를 가지고 투자하며, 기분에 따라 불필요한 치공구를 제작하지 않고 필요한 기능을 최소의 비용으로 관리하는 것이 바람직하다.

1. 치공구 관리의 목적

균일한 제품을 생산하고 생산의 능률을 최대한 높이며 안전하고 안정된 생산을 위하여 치공구를 효율적으로 제작 관리하는데 그 목적이 있으며 다음과 같은 장점이 있다.

(1) 가공의 단순화에 따른 가공시간 단축과 품질의 균일화를 기한다.
(2) 생산계획에 따라 적재적소에 치공구를 공급한다.
(3) 적절한 보관으로 치공구의 파손 및 분실을 방지한다.
(4) 필요한 치공구의 신규 제작과 파손품의 수리 등이 신속이 이루어진다.
(5) 치공구의 정상적인 상태를 유지하고 사용법의 적절한 지도로 효과를 높인다.
(6) 치공구의 이용확대를 위한 연구와 조직적인 활동을 도모한다.

2. 치공구 관리 조직

치공구 관리조직은 기업의 목적에 공헌하고 원활한 생산 활동에 기여하기 위하여 필요한 설비와 인원, 기술 등을 갖추어야 한다.

치공구 관리조직에 요구되는 기능은 다음과 같다.
(1) 설계업무 : 생산제품의 제조 공정분석과 치공구 설계 계획에 대한 정보의 수집과 연구, 사용조건의 설정 및 이용을 확대한다.
(2) 운영업무 : 치공구의 제작과 보관, 반출업무, 교환업무, 사용조건의 관리 등과 불필요한 치공구의 처분등을 담당한다.
(3) 검사업무 : 수입검사, 정기검사, 측정 등 치공구의 사용조건 및 기능에 맞는지의 여부를 검사하고 판단하는 역할을 한다.

3. 치공구실의 운영

사내의 각 생산 공정에 신속 정확한 치공구의 지원과 경제적인 운영을 위하여 많은 기업에서 중앙 공구실을 운영하여 치공구를 집중 관리하고 있으며 중앙 공구실에서는 생산활동에 소요되는 사용량 및 기본 보관량, 재산계정, 관리번호, 교환업무, 불용처분, 재물조사 등의 업무를 하게 된다.

※ 국내 모 기업 중앙공구실의 운영의 예 ※
 (1) 치공구의 운영량 및 기본 보관량 책정
  (가) 치공구 운영량 : 효율적인 생산 활동을 위해 운영량(최소, 최대)을 책정하여 치공구 보관실에 보관 운영
   ※ 기본 사용량의 3개월 분량(최대), 최소는 최대의 75% 분량
  (나) 기본 보관량 : 생산 공정에서 최소한의 예비량
   ※ 장비 부착 수 + 1일 사용량 × 3일 분량
 (2) 재산 계정 : 품목별 재고 출납카드를 작성하여 재산의 수불을 기록 계정
 (3) 품목별 분류번호 부여 : 재산의 수불시 혼돈 방지를 위하여 식별번호 부여
  (가) 설계주문 생산 공구
   [사용 예1]

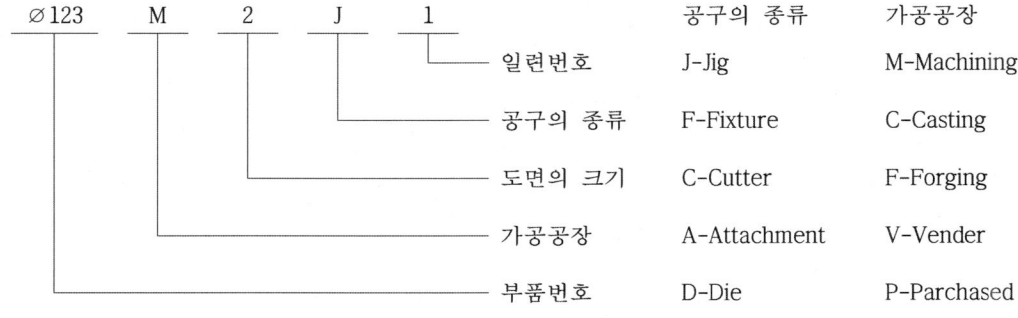

치공구 관리

[사용 예2]

```
C    M2354  -  34
│      │       └─── 일련번호
│      └────────── 생산부품 번호
└───────────────── Cutter(절삭공구)
```

(나) 표준 공구 분류 기준

```
EM   2-B   -  16
│     │       └─── 규격(∅16mm)
│     └────────── 종류(2날, Ball)
└───────────────── 품명(End Mill)
```

(4) 운영량 보충 : 책정된 운영량의 최소치에 도달하면 구입 및 제작을 통한 보충

(5) 기본 사용량 지급 : ① 각 생산 공정별 사용량을
　　　　　　　　　　　② 치공구 수급대장에 의거
　　　　　　　　　　　③ 해당 생산 공장에 지급

(6) 교환 : ① 생산 현장에서 파손이나 마모로 인한 사용불가 시 수급대장에 기록하고
　　　　　② 파손 및 마모공구를 직접교환 한다.

(7) 연마 작업지시서 발행 : 교환에 의해 중앙 공구실에 수집된 공구 중 정비를 요하는 공구는 연마 작업지시서를 통해 재 연마 후 사용하고 불용공구는 폐기처리

(8) 재물조사 : 재물조사는 년 1회 실시 - 필요에 따라 수시로 실시한다.

단원명 3 밀링 치공구 유지 관리하기

장비 및 도구, 소요재료

1 도구
  1. A4 용지, 계산기, 필기도구 등

안전유의사항

1 유의사항
  1. 치공구 관리 조직을 두어 안정된 생산이 이루어지도록 한다.
  2. 생산조건에 맞도록 제작하고 불필요한 치공구를 제작하지 않도록 한다.
  3. 치공구실을 운영하여 생산활동의 효율을 높일 수 있도록 한다.

관련 자료

1 관련자료
  1. 밀링 치공구제작 장비 메뉴얼
  2. 장비 별 생산단가 자료
  3. 치공구 관련 자료

치공구 관리

3-2 치공구의 분류와 보관

교육훈련 목표
- 밀링가공을 위해 제작된 치공구는 분류와 보관요령을 숙지하고 관리하기 쉬운 체제로 운영하여 불필요한 것을 배제할 수 있어야 한다.

필요 지식 치공구의 분류와 보관에 관한 지식

1 치공구의 분류

밀링에 사용되는 치공구(Jig-Fixture)는 생산품의 형상이나 모양, 가공방법, 가공조건 등에 따라 다양하게 제작되어 있기 때문에 용도에 따라 분류하여 보관하면 생산 활동에 빠르게 대응할 수 있는 장점이 있다.

1. 작업용도에 따른 분류

(1) 기계가공용 치공구 : 선반, 밀링, 연삭, 드릴, 보링, 브로칭, 플레이너, 방전가공, 기어절삭, 레이저, CNC선반, 머시닝센터, 슬로터 등
(2) 조립용 치공구 : 볼트체결, 리벳, 프레스에 의한 삽입, 접착, 센터구멍 조정 등
(3) 용접용 치공구 : 위치결정, 비틀림방지, 회전포지션, 용접안내, 자세유지 등
(4) 검사용 치공구 : 재료시험, 측정, 압력시험, 형상검사 등을 위한 치공구
(5) 기타 : 자동차 엔진조립 지그, 자동차 용접지그, 자동차 도장 및 열처리용 지그, 레이아웃 지그 등

2. 모양에 따른 분류

형상이나 형식으로부터 개방형, 박스형, 분할형, 플레이트형, 앵글플레이트형, 모방형, 척형, 바이스형, 연속형, 교대형 등으로 나눌 수 있다.

3. 기구상의 분류

고정구는 가공물을 위치결정한 후 가공물을 고정시키기 위한 클램프 기구에 따라서 다음과 같이 분류한다.
(1) 나사(슬라이드 스트랩 클램프)에 의한 것
(2) 캠에 의한 것
(3) 편심 축에 의한 것
(4) 래치에 의한 것
(5) 웨지(쐐기)에 의한 것

(6) 유압에 의한 것
(7) 공압에 의한 것
(8) 마그네틱에 의한 것

2 치공구의 보관

밀링에서 부품생산에 필요한 치공구는 사용 후 다음 생산을 위하여 보관을 하게 된다. 치공구의 보관방법을 숙지하고 관리하기 쉬운 체제로 운영하여 불필요한 것을 배제한다.

1. 치공구의 보관 방법

(1) 치공구 보관의 기본 원칙
 (가) 치공구 보관실을 따로 두어 관리하는 것을 원칙으로 한다.
 (나) 치공구는 나무나 플라스틱으로 된 치공구함에 보관한다.
 (다) 밀폐된 서랍이나 상자 속에 보관하지 않고 밖에서 쉽게 알아볼 수 있도록 보관한다.
 (라) 치공구의 사용 용도별로 분류하여 관리한다.
 (마) 치공구는 정밀도 유지를 위하여 항상 청결하게 관리하여야 한다.
 (바) 현장에서 사용하는 치공구는 항상 정비하여 정 위치에 두도록 한다.
 (사) 공정별 전용공구는 쉽게 알 수 있도록 명패나 공구걸이를 활용한다.
 (아) 생산지원을 총괄할 수 있는 곳의 치공구 관리 담당자가 관리한다.

2. 치공구의 보관 관리

(1) 사용 빈도에 따른 관리
 (가) 사용 빈도가 높은 순으로 작업자 가까이 보관한다.
 (나) 치공구 적치대를 활용하여 작업의 효율을 높인다.
 (다) 사용과 보관이 쉽도록 하고 바닥에는 녹 방지를 위해 기름 스펀지를 깐다.

(2) 사용 용도에 따른 관리
 (가) 생산 제품별 보관 : 반복적으로 생산되는 제품별 보관
 (나) 치공구의 종류별 보관 : 개별적인 생산되는 종류별 보관
 (다) 비슷한 치공구는 식별표를 부착하여 확인이 용이하도록 한다.

(3) 공구 보관함을 이용한 관리
 (가) 치공구의 층별 관리 : 기계가공용, 현장보관용 등으로 층별 관리한다.
 (나) 치공구 적치대 관리 : 사용과 보관이 쉽도록 적치대를 활용한다.
 (다) 날 끝 공구 보관 : 공구끼리 부딪쳐 날 끝이 손상되지 않도록 분리하여 보관하고 날 끝에 녹이 발생하지 않도록 방청처리를 한다.

치공구 관리

장비 및 도구, 소요재료

① 도구
  1. 방청유, 치공구 보관함 등

안전유의사항

① 유의사항
  1. 밀링 치공구를 용도별, 모양별, 기구별로 분류하여 보관한다.
  2. 치공구의 보관방법을 익히고 관리하기 쉽도록 보관한다.
  3. 치공구의 보관 시 서로 부딪쳐 손상되지 않도록 주의한다.

관련 자료

① 관련자료
  1. 밀링 치공구제작 장비 메뉴얼
  2. 치공구의 보관요령
  3. 치공구 관련 자료

단원명 3 밀링 치공구 유지 관리하기

3-3 치공구의 정밀도 유지

교육훈련 목표
- 밀링가공을 위해 제작된 치공구를 장시간 보관 시 정밀도를 유지하기 위한 방청 대책을 강구할 수 있어야 한다.

필요 지식 치공구의 방청에 관한 지식

1 치공구의 정밀도 유지

치공구의 보관 중 치공구가 손상되는 이유는 여러 가지가 있으나 그 중에서 첫째는 녹이 스는 일이고 두 번째는 치공구에 흠집이 발생하는 것이다. 치공구는 직접 생산제품과의 접촉하는 부분이 많고 접촉면 정밀도가 생산제품에 영향을 미치므로 접촉면의 방청대책은 사용용도, 사용빈도, 필요한 정밀도 등을 충분히 고려하여 적절한 방법을 선택한다.

1. 치공구의 방청 방법

(1) 방청유의 사용 : 생산제품이 대형이거나 복잡한 형상일 때 적합하다. 방청유의 종류는 사용빈도에 따라 결정한다.
(2) 도금 : 소형의 제품으로 사용 중 유류 사용을 금하는 경우에 적합하다.
(3) 표면 산화처리 : 대형의 제품으로 사용 중 유류 사용을 금하는 경우에 적합하다.
(4) 도장 : 정밀도에 영향이 없으며 직접 생산제품에 접촉하지 않는 부분에 적합하다.
 (조립, 분해, 용기류 등)

2. 방청유의 종류

<표 3-3-1> 방청유의 종류

방청유의 종류		기호	방청막의 성질	주용도
지문제거 형 방청유	1종	NP-0	저점도 유막	일반기계 및 기계부품에 묻은 지문의 제거와 방청
방청 윤활유	1종	NP-7	중점도 유막	금속재료 및 제품의 방청
	2종	NP-8	저점도 유막	
	3종	NP-9	저점도 유막	
	4종 1호	NP-10-1	저점도 유막	내연기관의 방청, 주로 보관 및 중하중, 일반적으로 운전하는 장소에 사용
	4종 2호	NP-10-2	중점도 유막	
	4종 3호	NP-10-3	고점도 유막	

107

치공구 관리

방청유의 종류			기호	방청막의 성질	주용도
용제 희석용 방청유	1종		NP-1	경질 막	옥내 및 옥외의 방청유
	2종		NP-2	연질 막	주로 옥내의 방청유
	3종	1호	NP-3-1	연질 막	주로 옥내의 방청유(물치환형)
		2호	NP-3-2	중고점도 유막	
	4종		NP-19	투명경질 막	옥내 및 옥외의 방청유
페트로락텀	1종		NP-4	경질 막	대형기계 및 부품 등의 녹 방지용
	2종		NP-5	중질 막	일반기계 및 소형정밀부품 등의 녹 방지용
	3종		NP-6	연질 막	구름베어링과 같은 정밀한 면의 녹 방지용
기화성 방청유	1종		NP-20-1	저점도 유막	밀폐된 공간 내에 존재하는 금속의 방청(방청 공기형성)
	2종		NP-20-2	중점도 유막	

장비 및 도구, 소요재료

1 도구
 1. 방청유, 치공구 보관함 등

안전유의사항

1 유의사항
 1. 치공구의 보관 시 정밀도 유지를 위한 대책을 세운다.
 2. 치공구의 보관 시 정밀도 유지를 위한 방청 대책을 강구한다.
 3. 방청유의 종류와 특성을 파악하여 치공구의 정밀도 유지에 활용한다.

관련 자료

1 관련자료
 1. 밀링 치공구제작 장비 메뉴얼
 2. 방청유 관련 메뉴얼
 3. 치공구 관련 자료

단원명 3 밀링 치공구 유지 관리하기

3-4 치공구의 사용법

교육훈련 목　　표	• 밀링가공을 위해 제작된 치공구의 사용법을 결정하여 문서로 기록하고 필요 시 전파하여 누구라도 쉽게 치공구를 사용할 수 있도록 할 수 있어야 한다.

필요 지식　치공구의 사용에 관한 지식

1 치공구의 사용법

치공구는 비숙련공이라도 치공구의 사용방법만 정확히 익히면 쉽고 빠르고, 정밀하게 제품을 생산할 수 있다. 그러므로 생산현장에 사용되는 치공구는 그 사용방법, 생산제품 등을 문서나 동영상, 기타의 방법으로 기록하여 놓아야 한다.

1. 치공구의 사용법 기록

(1) 생산제품을 품명, 규격, 도면관리번호 등 정확하게 명시한다.
(2) 제품 생산에 관련된 치공구를 종류, 관리번호 등을 명시한다.
(3) 사용공작기계에 치공구의 설치 방법을 상세하게 기록하고 필요시 동영상, 사진 등을 첨부한다.
(4) 치공구에 생산부품의 장착과 장탈 방법(위치결정, 클램프 등)을 상세히 기록한다.
(5) 사용공구, 가공방법, 주의사항 등도 상세히 기록한다.
(6) 치공구의 검사 주기 등 생산품질에 지장이 없도록 명시한다.

2 치공구의 품질관리

치공구의 품질은 생산 제품의 품질에 큰 영향을 미치므로 사용 특성에 대한 엄격한 검사를 하여야 한다. 이러한 품질관리의 대상이 되는 특성은 다음과 같다.

1. 치공구의 품질관리 특성

(1) 기능 특성

치공구의 정밀도 및 그 기능상에 있어 사용하는 각 부위에 영향을 주는 특성으로 수입 검사에 합격하면 다음부터는 검사할 필요가 없다. 예를 들면 치공구의 치수가 명세서 대로 되어 있으면 다음부터 변화가 있더라도 생산 제품의 정밀도에는 영향을 주지 않는 특성이다.

(2) 주기 특성

마모로 인한 변형 가능성이 있는 부위로써 이 부분의 변화가 직접 생산제품에 영향을 미치

109

치공구 관리

는 경우에는 치공구의 정밀도를 보증하기 위해 정기적인 검사가 필요하다.
　이렇게 생산제품에 큰 영향을 미치는 부위가 가지는 특성이다. 이 검사 주기는 사용빈도, 내구성 등을 고려하여 설정한다.

(3) 조작 특성
　치공구의 조작에 대한 확실성으로 작업자의 조작능력이 요구되는 특성이다.

(4) 외관 특성
　치공구의 성능을 좌우하는 외관적인 변화로 치공구 조립면, 미끄럼면, 부시나 클램프 등의 표면상태를 포함한 특성이다.

2. 치공구의 품질검사

(1) 수입 검사 : 치공구를 취득할 때 또는 치공구를 수리하였을 때 제작도면이나 제작 표준에 따라 사용목적에 맞는지의 특성을 확인하는 것이다.
(2) 정기 검사 : 미리 정해놓은 검사 주기에 따라 주기 특성을 확인하는 것으로 그 주기는 각각의 관리 수준에 따라 결정한다.
(3) 임시 검사 : 치공구를 사용 중이거나 보관중이라도 사용목적에 영향을 주는 특성에 문제가 생겼을 경우에 실시하는 것으로 사용빈도가 너무 많거나 또는 치공구를 떨어뜨리는 등 외적으로 충격이 가해지는 요인이 발생했을 때 실시한다.
(4) 사용 전 검사 : 치공구를 사용하는 생산 작업에 있어서 필요로 하는 특성을 확인하는 것으로 치공구의 사용을 가능하게 하고 그 결과를 점검하는 동적인 검사로 가장 중요한 검사라고 볼 수 있다.

　이와 같은 검사는 각 전문 검사원에 의하여 실시되고 이러한 검사를 원활히 하기 위해서는 다음과 같은 사항을 고려하는 것이 바람직하다.

2. 치공구의 검사 시 고려할 사항

(1) 치공구의 제작도면 또는 제작 표준에 검사 필요 부위, 허용공차, 검사주기 등을 명시한다.
(2) 정기 검사 시기(유효기간)를 표시할 수 있는 색채 코드를 설정하여 치공구 관리대장이나 현품 상호간에 용이하게 명시한다.
(3) 검사에 필요한 순서나 검사방법 등을 정리하여 담당자를 교육한다.

　정기적으로 검사가 필요한 치공구는 관리대장에서 선택하여 정기 검사카드를 정리하고 검사가 끝나면 곧바로 생산현장에 돌려준다. 또한 불합격된 치공구는 수리하거나 신속히 폐기할 수 있는 체제를 갖추는 것이 중요하다.

단원명 3 밀링 치공구 유지 관리하기

장비 및 도구, 소요재료

1 도구
  1. A4 용지, 계산기, 필기도구 등

안전유의사항

1 유의사항
  1. 밀링 치공구의 사용법을 정확히 기록하여 문서로 보관한다.
  2. 밀링 치공구의 사용법을 사내에 전파한다.

관련 자료

1 관련자료
  1. 밀링 치공구제작 장비 메뉴얼
  2. 밀링 치공구의 사용법 기록 문서
  3. 치공구 관련 자료

치공구 관리

단원명 3 ｜ 교수방법 및 학습활동

교수 방법

① 강의법 및 시연

　밀링 치공구의 유지 관리하기에서 치공구의 보관, 유지관리와 사업장의 업무절차에 따라 치공구제작의 작업계획을 수정할 수 있으며 치공구를 분류하여 운영하기 쉬운 체제로 보관하며 보관시의 요령 등을 설명하고 학습자가 이해할 수 있도록 한다.

　또한 치공구를 장시간 보관 시 정밀도를 유지하기 위한 방청대책을 세우고 치공구의 사용방법을 문서로 정리하여 생산 활동에서 필요 시 누구라도 사용하는데 문제가 없도록 하여야 한다.

② 문제해결 및 개별지도 교수법

　교사가 설명과 시연을 통하여 학습자가 이해할 수 있도록 하며 팀을 구성하여 개별적으로 실습 및 시연을 한 후 각 팀별로 문제를 해결하도록 하며, 이 때 오류가 발생하는 부분은 교사가 교정하여 이해할 수 있도록 지도한다.

학습 활동

① 조별 실습 발표

　교사가 설명과 시연을 통하여 이해시키고 학습자별 팀을 구성하여 개별적으로 실습 및 시연을 한 후 나타난 결과 등을 조별로 토의 발표한다.

② 교사가 오류 부분을 교정, 시연하여 학습자가 이해할 수 있도록 한다.

단원명 3 밀링 치공구 유지 관리하기

단원명 3 평가

평가 시점

① 중간 평가
1. 밀링 치공구 유지관리에 대한 질의응답을 통하여 점수에 반영한다.
2. 사내에서 치공구실의 운영에 대한 질의응답을 통하여 점수에 반영한다.
3. 치공구의 분류와 보관에 대한 질의응답을 통하여 점수에 반영한다.

② 기말 평가
1. 치공구의 보관 시 정밀도 유지에 대한 질의응답을 통하여 점수에 반영한다.
2. 치공구의 사용 및 치공구의 품질관리에 대한 질의응답을 통하여 점수에 반영한다.

평가 준거

평가자는 피평가자가 수행 준거 및 평가 내용에 제시되어 있는 내용을 성공적으로 수행할 수 있는지를 평가해야 한다. 평가자는 다음 사항을 평가해야 한다.

평가영역	평가항목	성취수준				
		우수하다	보통이다	미흡하다	알고 있다	잘알고 있다
밀링 치공구 유지관리하기	밀링 치공구의 유지관리를 할 수 있다.					
	밀링 치공구의 작업계획을 수정할 수 있다.					
	치공구의 분류와 보관요령을 알고 있다.					
	치공구의 정밀도를 유지하는 방법을 알고 있다.					
	치공구의 사용법을 정리하고 기록할 수 있다.					
	밀링 치공구의 사용법을 전파할 수 있다.					

치공구 관리

평가 방법

평가영역	평가항목	평가방법
밀링 치공구 유지관리하기	밀링 치공구 유지관리하기	1. 작업장 평가 2. 평가자 체크리스트 3. 피 평가자 체크리스트
	밀링 치공구의 작업계획 수정하기	
	치공구의 분류와 보관하기	
	치공구의 보관 시 정밀도 관리하기	
	치공구의 사용법 기록과 전파하기	

평가 문제

1. 밀링 치공구의 유지관리
  (1) 치공구 관리의 목적은 무엇인가?
  (2) 치공구 관리조직에 요구되는 기능은 무엇인가?
  (3) 치공구의 운영과 기본 보관량에 대해 설명하시오?

2. 밀링 치공구의 분류와 보관
  (1) 치공구를 분류하는 방법과 이유를 설명하시오?
  (2) 치공구의 보관 방법을 설명하시오?

3. 치공구의 정밀도유지
  (1) 치공구의 보관에서 문제가 되는 사항을 설명하시오?
  (2) 치공구의 보관 시 방청 방법을 설명하시오?
  (3) 방청유의 종류와 특징을 설명하시오?

4. 치공구의 사용법
  (1) 밀링 치공구의 사용법을 기록하는 이유와 내용을 설명하시오?
  (2) 치공구의 품질관리 특성을 설명하시오?
  (3) 치공구의 검사 시 고려할 사항은 어떤 것이 있는가?

단원명 3 밀링 치공구 유지 관리하기

피드백

1. 밀링 치공구의 유지관리가 적절한지, 평가하고 미흡할 시 보충한다.
2. 밀링 치공구의 작업계획을 수정할 수 있는 지 평가하고 미흡할 시 보충한다.
3. 치공구를 분류할 수 있는 지 평가하고 미흡할 시 보충한다.
4. 치공구를 보관하는 방법에 대하여 평가하고 미흡할 시 보충한다.
5. 치공구의 정밀도를 유지하는 방법에 대하여 평가하고 미흡할 시 보충한다.
6. 밀링 치공구의 품질관리검사에 대하여 평가하고 미흡할 시 보충한다.
7. 치공구의 사용법을 문서로 기록할 수 있는지에 대하여 평가하고 미흡할 시 보충한다.

치공구 관리

학습정리

단원명1 밀링 치공구 제작 계획하기

(1) 밀링 치공구 제작의 필요성을 검토할 수 있다.
(2) 밀링 치공구를 사내의 생산계획에 따라 계획할 수 있다.
(3) 밀링 치공구의 제작을 결정할 수 있다. (자체제작, 외주생산)
(4) 치공구의 수명을 극대화 하기 위해 알맞은 재료를 선정할 수 있다.
(5) 치공구의 부적합한 사용을 방지할 수 있도록 설계 계획할 수 있다.
(6) 밀링 치공구제작을 위한 부품 공정도를 작성할 수 있다.

단원명2 밀링 치공구 설계 제작하기

(1) 치공구의 생산에서 외주 생산을 위한 문서를 작성할 수 있다.
(2) 사내의 생산제품에 적합한 치공구를 구상하고 스케치 할 수 있다.
(3) 공작기계를 활용하여 사용목적에 맞은 치공구를 제작할 수 있다.
(4) 제작된 치공구가 목표한 기능을 완벽하게 발휘하는지 검사할 수 있다.

단원명3 밀링 치공구 유지 관리하기

(1) 해당사업장의 규정된 장소에 밀링 치공구를 보관하고 유지할 수 있다.
(2) 필요시 해당사업장의 업무절차에 따라 작업계획을 수정할 수 있다.
(3) 치공구의 분류와 보관방법을 숙지하고 관리하기 쉬운 체제로 운영할 수 있다.
(4) 치공구의 장시간 보관 시 정밀도 유지를 위한 방청대책을 세울 수 있다.
(5) 치공구의 사용방법을 문서로 기록하고 필요시 전파할 수 있다.

종합 평가

1. 지그와 고정구를 설명하시오?

(답) 지그란 공구를 정확한 위치로 안내하여 가공될 수 있도록 공구의 위치결정이 주목적으로 드릴링이나 리이밍 또는 보오링 작업을 위한 기구가 주로 지그에 속하고, 고정구란 공작물을 정확한 위치에 고정시키는 것이 주목적인 기구를 말한다. 고정구는 사용되는 공작기계에 따라 선반고정구, 밀링고정구, 연삭고정구, 용접고정구 등으로 분류한다.

2. 지그 제작비가 800,000원이고 지그를 사용하지 않을 때 제품가공시간은 3분이고 지그를 사용할 경우 제품가공시간은 1분이며, 시간당 가공비가 2,000원 일 때 손익 분기점은?

$$N = \frac{Y}{(H-Hj)y}$$ 에서,

$$N = \frac{800,000}{(3-1) \times 2,000} = 200개$$

∴ 생산하고자 하는 제품에 대한 수량이 200개 이상이면 지그를 제작하는 것이 이익이고 200개 이하이면 손실이 발생하게 된다. 그러나 생산제품의 수량이 손익분기점의 수량보다 적어도 2배 이상이 되었을 때 지그를 만들어 사용하는 것이 회사의 입장에서는 올바르다고 볼 수 있다.

3. 이것은 생산제품의 모델이 매우 빠르게 변하는(다품종 소량생산)의 시장동향에 적응하기 위한 방법으로 G.T(Group Technology)시스템이 있다. 정해진 형태의 제품을 고정하기 보다는 정해지지않은 다양한 제품을 각각의 형태에 맞추어 조립하여 사용할 수 있도록 되어있는 시스템이다. 이것을 무엇이라고 하는가?

모듈러 공구세트(Modular Tooling Set)

4. 치공구의 표준화로 얻을 수 있는 효과는 어떤 것이 있는지 설명하시오?

① 비용 절감 효과

치공구 관리

② 납기 단축 효과
③ 품질 향상 효과
④ 기능 향상 효과

5. 밀링 치공구 재료의 열처리에서 금속 침투 확산법(Cementation)의 종류에는 어떤 것이 있는지 설명하시오?

① 세라다이징 : 금속 표면에 아연(Zn)을 침투 확산시키는 방법
② 칼로라이징 : 금속의 표면에 알루미늄(Al)을 침투 확산시키는 방법
③ 크로마이징 : 금속의 표면에 크롬(Cr)을 침투 확산시키는 방법
④ 실리코나이징 : 금속의 표면에 규소(Si)를 침투 확산시키는 방법
⑤ 보로나이징 : 금속의 표면에 붕소(B)를 침투 확산시키는 방법

6. 밀링 치공구에서 공작물 관리란 공작물이 가공이나 기타공정 중에 공작물의 변위량이 공차 범위 내에서 관리되도록 공작물을 제어하는 것이다. 그렇다면 공작물 관리에서 중요한 관리요소는 무엇인지 설명하시오?

① 형상관리 : 공작물이 치공구내에서 안정 상태를 유지하도록 관리하는 것
② 기계적 관리 : 공작물이 가공 시 발생하는 외력에 대하여 공작물의 변형 및 치수 변화가 없도록 관리하는 것
③ 치수 관리 : 공차누적의 발생과 공작물의 변위량이 치수공차의 범위를 벗어나지 않도록 관리하는 것
④ 중심선 관리 : 가공된 공작물의 외경이 조금씩 변하더라도 공작물 중심선의 변화를 최소화 하도록 관리하는 것

7. 밀링 치공구에서 플프로핑이란 무엇인지 설명하시오?

플프로핑이란 방오법이라고도 한다. 이것은 비대칭의 부품을 치공구에 장착할 때 작업자의 착오로 인하여 잘못 장착되는 것을 막기 위한 것으로 올바른 장착위치를 쉽게 찾아내어 장착할 수 있도록 하는 보조 장치를 말한다.

8. 아래 그림과 같은 스트랩 클램프에서 길이가 140mm인 스패너로 볼트를 조일 때 스패너의 끝에는 5kg의 힘이 걸렸다. 다음을 계산하시오?
(단, 볼트의 지름 d=12mm, A=150mm, B=250mm이다.)

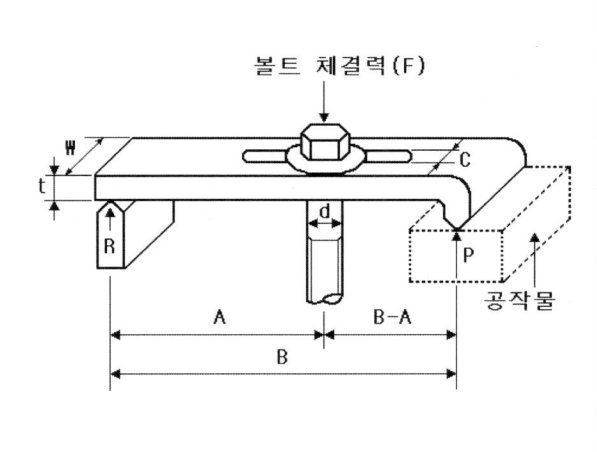

F : 볼트 체결력
d : 볼트 직경
W : 클램프 폭
t : 클램프 두께
R : 지지점 반력
C : 볼트용 구멍 폭
P : 공작물 클램핑력
A : 지지점과 볼트간 거리
B : 지지점과 공작물간 거리
W : 2.3d + 1.5mm
C : 볼트의 지름(d) + 1.5mm
t = $\sqrt{0.85dA(1-\frac{A}{B})}$

[문제] 다음을 계산하시오 ?

(1) 스트랩 클램프의 폭(W) ?
(2) 스트랩 클램프의 두께(t) ?
(3) 볼트에 걸리는 하중(F) ?
(4) 스트랩 클램프의 모멘트(M) ?
(5) 클램프에 걸리는 최대응력(σ_{max}) ?
(6) 이 재료의 최대응력이 $45kg/mm^2$일 때 안전계수(FS) ?
(7) 이 볼트에 작용될 수 있는 최대 수직하중(F_{max}) ?

[답]

(1) 스트랩 클램프의 폭$(W) = 2.3d + 1.5 = 2.3 \times 12 + 1.5 = 29.1mm$

(2) 스트랩 클램프의 두께$(t) = \sqrt{0.85dA(1-\frac{A}{B})} = \sqrt{0.85 \times 12 \times 150 \times (1-\frac{150}{250})}$

$= \sqrt{612} = 24.7 ≒ 25mm$

(3) 볼트에 걸리는 하중(F)는 토오크(T)와 볼트의 지름(d)과의 함수이다.

$T = d \cdot \frac{F}{5}$ 에서, $F = \frac{5T}{d}$ 이다. 여기서 $T = 5kg \times 140mm$ 이므로,

∴ $F = \frac{5(5 \times 140)}{12} ≒ 291.7[kg]$

(4) 스트랩 클램프 모멘트

힘의 평형조건에서 $F = P + R \rightarrow R = F - P$

R점에서의 모멘트 $AF - BP = 0$

$$\therefore P = \frac{AF}{B}$$

F점에서의 모멘트 $M = R \cdot A = (F - P)A = (F - \frac{AF}{B})A = \frac{FA(B-A)}{B}$

$$\therefore M = \frac{291.7 \times 150 \times (250 - 150)}{250} = 17,502 [kg \cdot mm]$$

(5) 클램프에 걸리는 최대응력 $(\sigma_{max}) = \frac{M}{Z}$

단면계수 $(Z) = \frac{(W-C)t^2}{6} = \frac{(30-13.5) \times 25^2}{6} = 1718.8 [mm^3]$

(단, C는 스트랩 클램프의 홈의 크기로 통상 볼트지름보다 1.5mm 크게 한다.)

$$\therefore \sigma_{max} = \frac{M}{Z} = \frac{17502}{1718.8} = 10.2 [kg/mm^2]$$

(6) 안전계수 $(FS) = \frac{허용응력}{\sigma_{max}} = \frac{45}{10.2} = 4.4$

(7) 볼트에 작용하는 최대 수직하중

$d = 1.35 \times \sqrt{\frac{F_{max}}{\sigma_{max}}}$ 에서, $F_{max} = \frac{d^2 \times \sigma_{max}}{1.35^2} = \frac{12^2 \times 10.2}{1.35^2} = 805.9 [kg]$

9. 치공구에서 어떠한 부품을 제작하거나 파손된 부품을 교체할 때, 또는 현재의 부품을 개선된 부품으로 변경하고자 할 때 자 또는 컴퍼스를 사용하지 않고 프리핸드로 그리는 것을 스케치라고 한다. 스케치 방법에는 어떠한 것이 있는지 설명하시오?

① 프리핸드 법 : 가장 일반적인 방법으로 척도에 관계없이 적당한 크기로 스케치 후 치수를 기입한다.

② 프린트 법 : 부품이 평면으로 가공되어 있으며, 윤곽이 복잡한 부품의 경우에는 부품의 면에 광명단을 바르고 스케치 용지에 찍어 실물의 형상을 얻는 직접적인 방법과 부품을 용지에 대고 연필 등으로 문질러 형상을 얻는 간접적인 방법이 있다.

③ 본뜨기 법 : 불규칙한 곡선부분이 있는 부품의 경우에는 용지에 대고 직접 연필 등으로 본뜨는 직접 본뜨기와 납선이나 구리선 등으로 부품의 윤곽에 대고 구부린 다음 그 윤곽곡선을 용지에 대고 본뜨는 간접적인 방법이 있다.

④ 사진촬영 법 : 구조가 복잡한 기계의 조립상태나 부품의 형상을 알아보기 쉽게 하기 위하여 여러 방향에서 사진을 찍어두면 부품을 스케치하거나 조립할 때 유용한 자료로 활용할 수 있다.

10. 치공구 보관의 기본원칙을 설명하시오?

① 치공구 보관실을 따로 두어 관리하는 것을 원칙으로 한다.
② 치공구는 나무나 플라스틱으로 된 치공구함에 보관한다.
③ 밀폐된 서랍이나 상자 속에 보관하지 않고 밖에서 쉽게 알아볼 수 있도록 보관한다.
④ 치공구의 사용 용도별로 분류하여 관리한다.
⑤ 치공구는 정밀도 유지를 위하여 항상 청결하게 관리하여야 한다.
⑥ 현장에서 사용하는 치공구는 항상 정비하여 정 위치에 두도록 한다.
⑦ 공정별 전용공구는 쉽게 알 수 있도록 명패나 공구걸이를 활용한다.
⑧ 생산지원을 총괄할 수 있는 곳의 치공구 관리 담당자가 관리한다.

치공구 관리

작업형 평가문제

1. 다음의 부품도를 보고 밀링가공을 위한 치공구를 설계하시오?

밀링 고정구 부품도

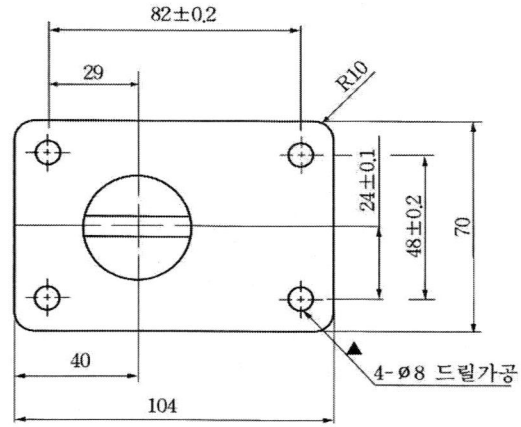

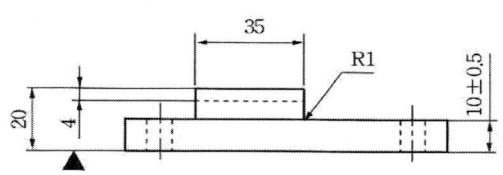

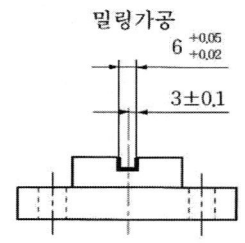

(답)
　　밀링 고정구 부품도에 따른 밀링 치공구 설계 도면

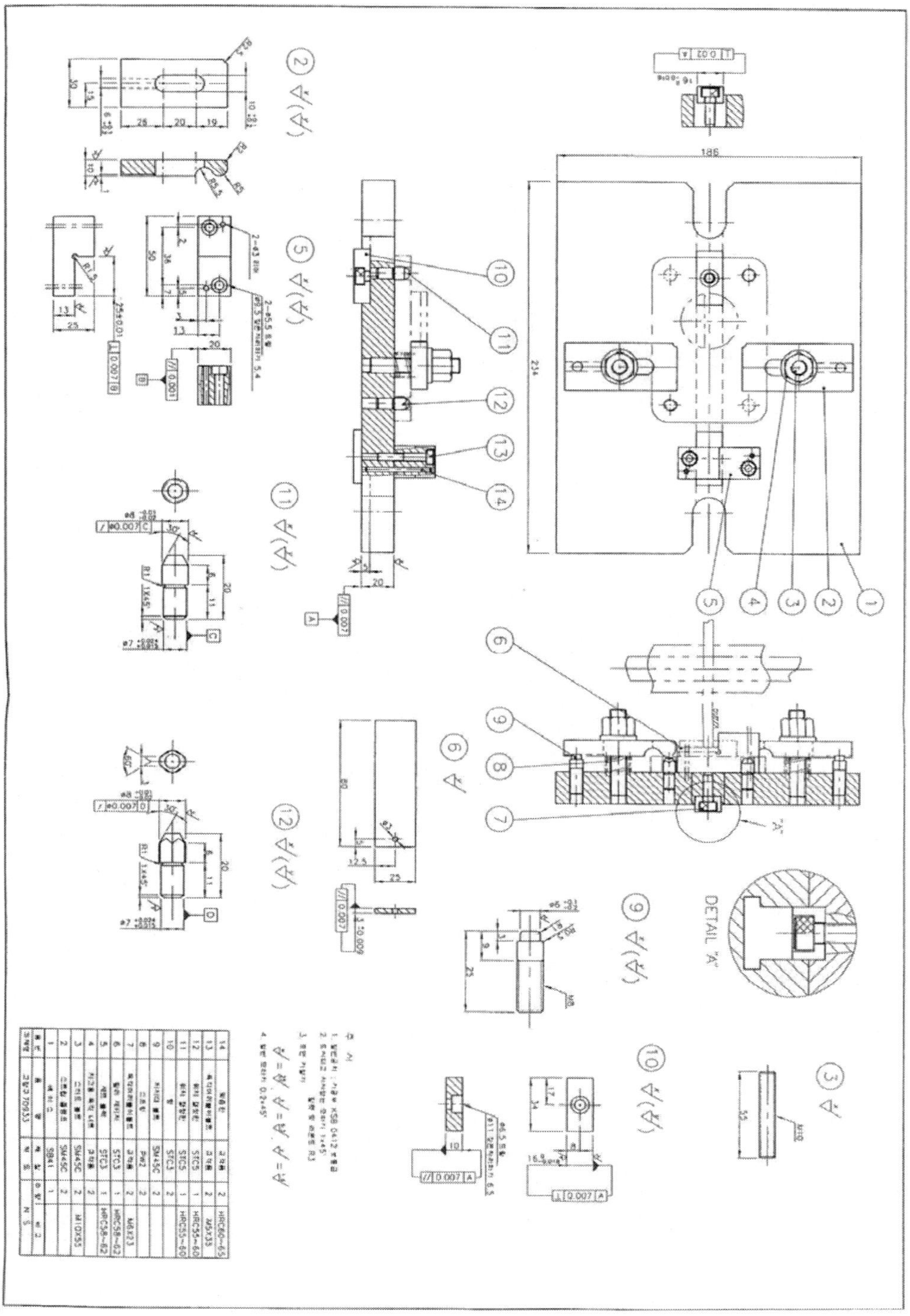

치공구 관리

밀링 고정구 전체 조립 도면

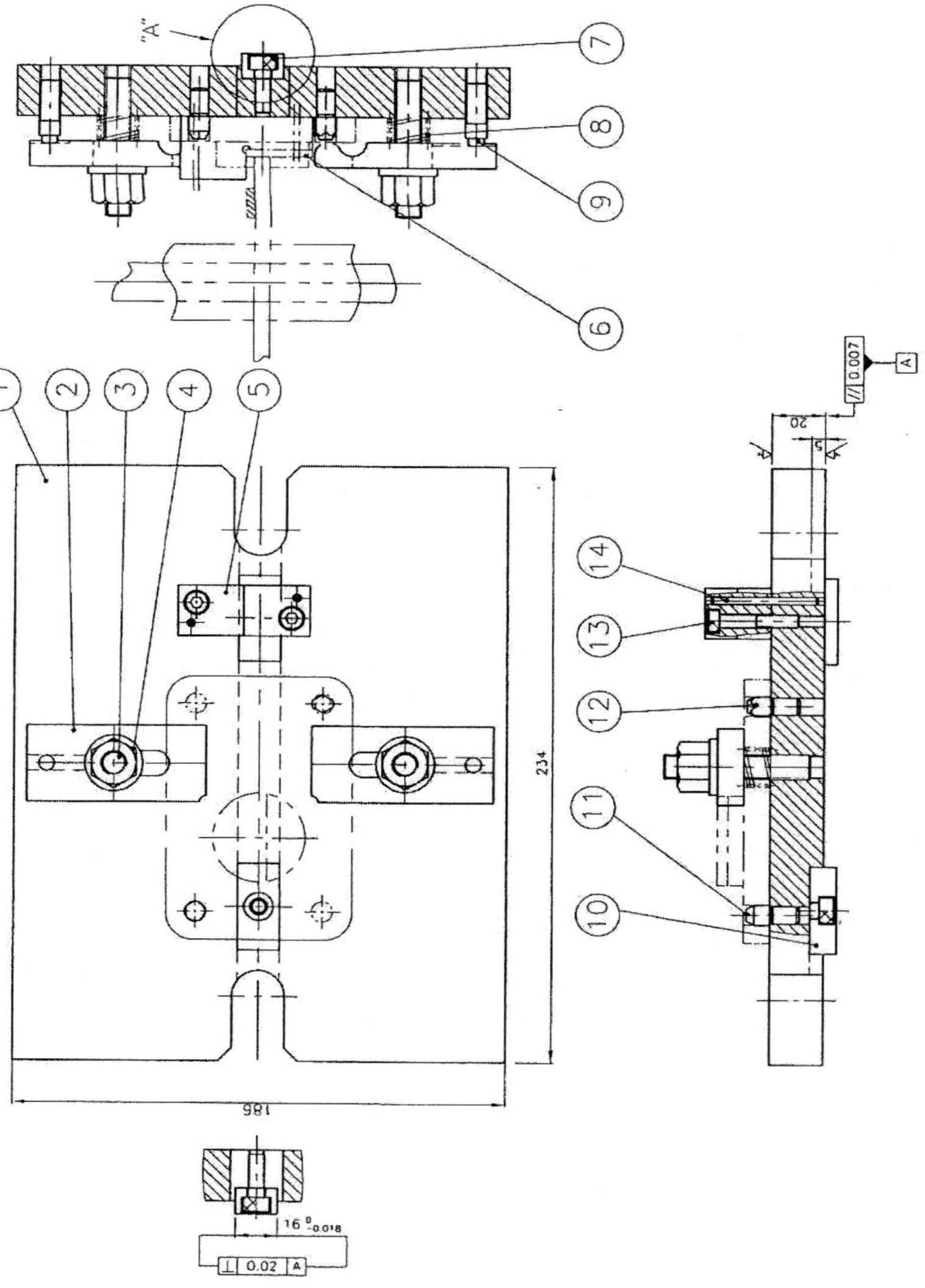

밀링 고정구 설계 제작 도면

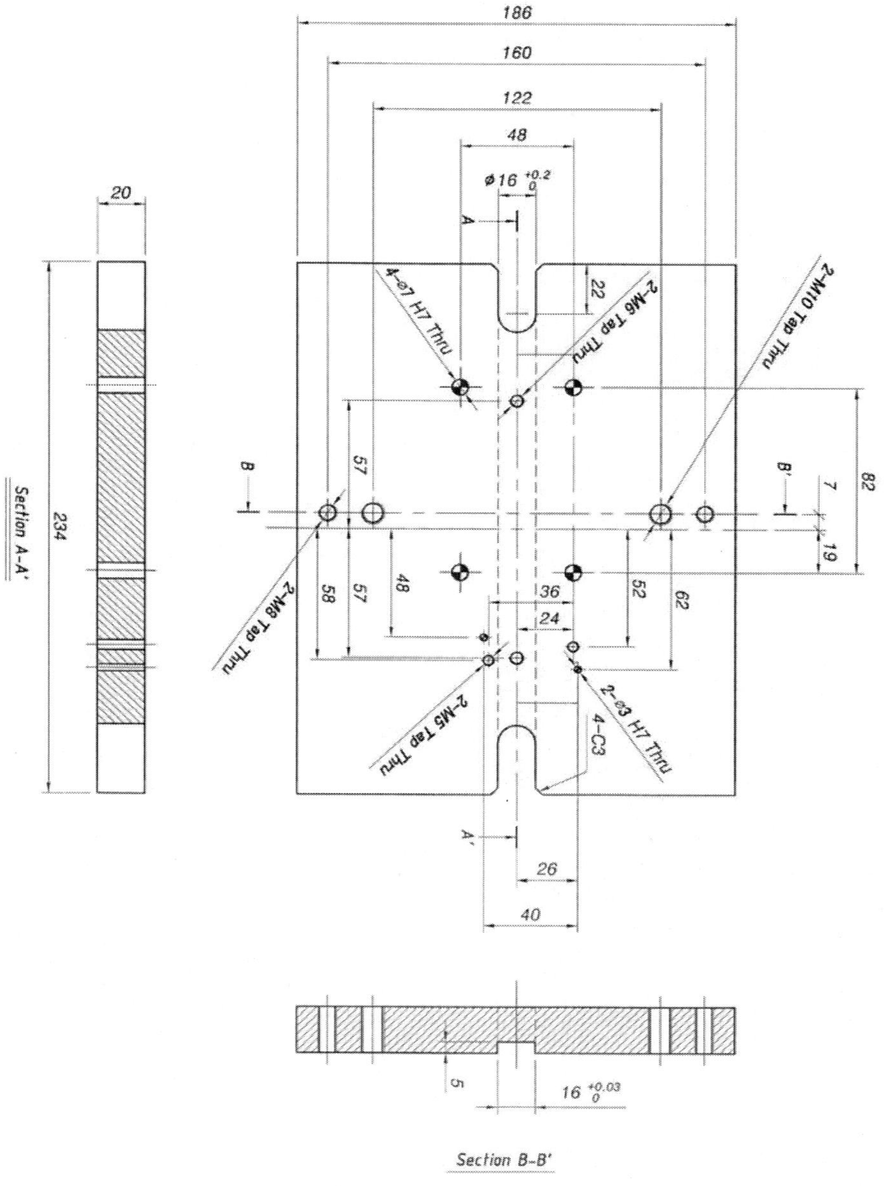

1	베이스	SB41	1	
품번	품명	재질	수량	비고

치공구 관리

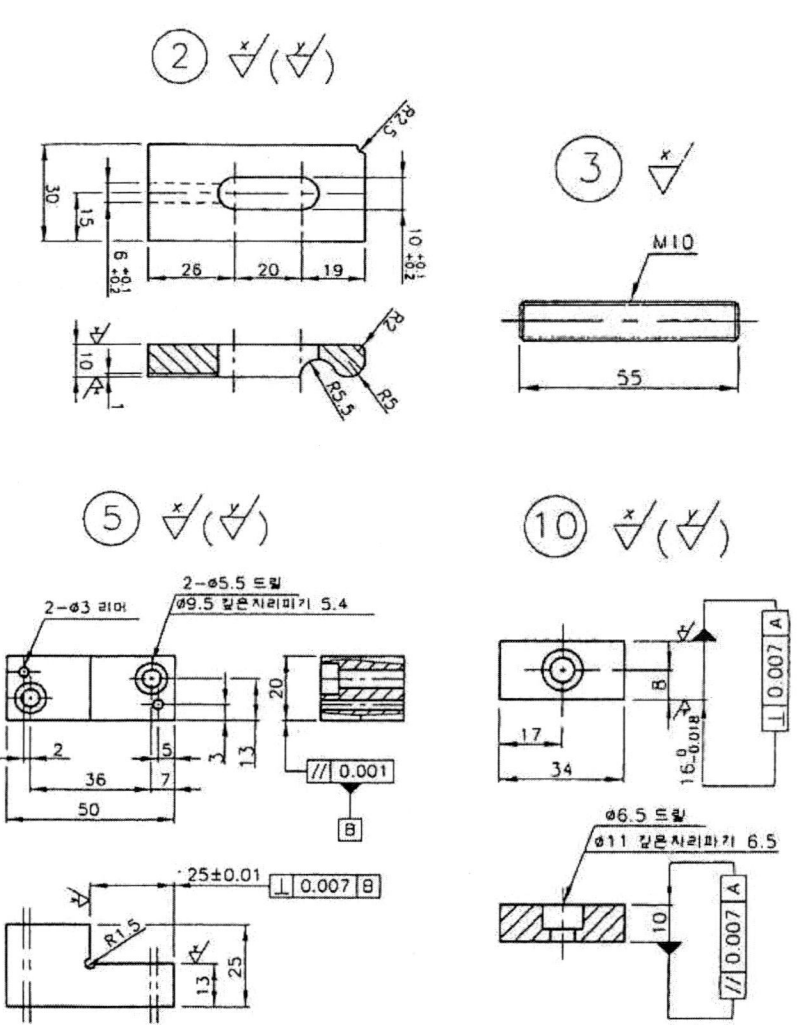

10	텅	STC3	2	
5	세트 블록	STC3	1	HRC58~62
3	스터드 볼트	SM45C	2	M10×55
2	스트랩 클램프	SM45C	2	
품번	품명	재질	수량	비고

밀링 고정구 설계 제작 도면

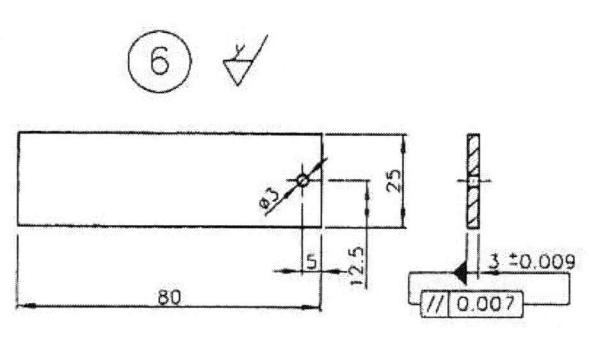

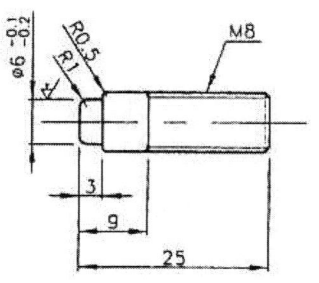

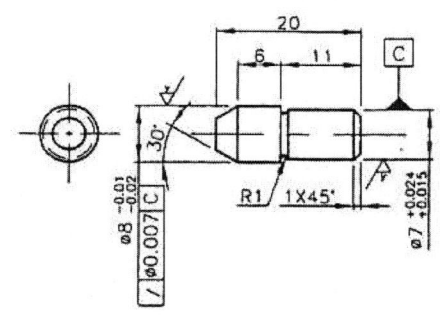

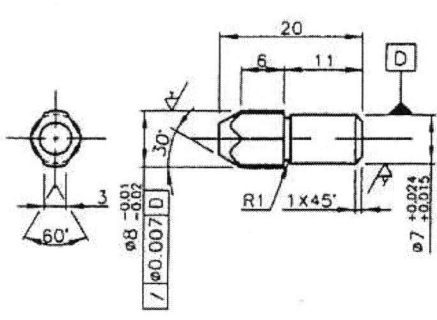

12	위치결정 핀	STC5	1	HRC58~62
11	위치결정 핀	STC5	1	HRC58~62
9	지지대 볼트	SM45C	2	
6	필러게이지	STC3	1	HRC58~62
품 번	품 명	재 질	수 량	비 고

치공구 관리

참고자료 및 사이트

1. 사이트 : 국가직무능력표준(www.ncs.go.kr)
2. 직무능력표준 개발 매뉴얼 연구자료(2005), 한국산업인력공단
3. 송지복, 조규갑(2005), 공정설계, 성안당
4. 강기주(2012), 기계 재료학, 북스힐
5. 정연택(2011), 치공구설계, 한국산업인력공단
6. 기능대학교재, 치공구, 한국산업인력공단
7. 이수용(2005), 기계공작법, 한국산업인력공단
8. 송요풍(2013), 기계제도, 한국산업인력공단
9. 송요풍(2013), 기계요소설계, 한국산업인력공단

■ **집필위원**
　장현철

■ **검토위원**
　최정훈
　이상준

밀링가공
치공구 관리

초판 인쇄 2016년 05월 13일
초판 발행 2016년 05월 18일
저자 고용노동부, 한국산업인력공단
발행인 김갑용
발행처 진한엠앤비
주소 서울시 서대문구 독립문로 14길 66 205호
　　　(냉천동 260, 동부센트레빌아파트상가동)
전화 02) 364 - 8491(대) / 팩스 02) 319 - 3537
홈페이지주소 http://www.jinhanbook.co.kr
등록번호 제25100-2016-000019호 (등록일자 : 1993년 05월 25일)
ⓒ2016 jinhan M&B INC, Printed in Korea

ISBN 979-11-7009-653-5 (93550)　　　[정가 13,000원]

☞ 이 책에 담긴 내용의 무단 전재 및 복제 행위를 금합니다.
☞ 잘못 만들어진 책자는 구입처에서 교환해드립니다.
☞ 본 도서는 [공공데이터 제공 및 이용 활성화에 관한 법률]을 근거로 출판되었습니다.